计算机技术开发与应用丛书

全栈UI自动化测试实战

胡胜强　单镜石　李睿 ◎ 编著
Hu Shengqiang　Shan Jingshi　Li Rui

清华大学出版社
北京

内 容 简 介

本书以 UI 自动化测试技术为主线,测试方向主要涉及 Web、App、Window 应用程序的 UI 自动化测试实现,讲述自动化测试框架的实现过程,以及持续集成及分布式测试的实现等实用技术知识体系。

全书共分为三篇。Web 篇(第 1~9 章)围绕页面自动化测试中常用定位技术进行讲解,结合 unittest 框架构建实用自动化测试框架的实现,以实例驱动方式引导读者快速上手 Selenium+Python+unittest 自动化测试。App 篇(第 10~15 章)讲解移动端常见 UI 层自动化操作技术,以当前较为流行的 pytest 框架为基础,实现 Appium+Python+pytest 自动化测试。框架篇(第 16~20 章)涵盖自动化测试实施过程中主流的数据驱动、PO 模式、CI 实施、分布式环境等内核技术。本书内容充实、逻辑严密,是一部自动化测试必备的案头工具书。

本书读者对象为从事软件测试工作的人员,对软件自动化测试技术感兴趣的初学者,以及对自动化测试专项技术感兴趣的从业者。对于大中专院校和培训班的学生,本书更是学习时必不可少的一本优秀教材。

本书封面贴有清华大学出版社防伪标签,无标签者不得销售。
版权所有,侵权必究。举报: 010-62782989,beiqinquan@tup.tsinghua.edu.cn。

图书在版编目(CIP)数据

全栈 UI 自动化测试实战/胡胜强,单镜石,李睿编著.—北京: 清华大学出版社,2021.7
(计算机技术开发与应用丛书)
ISBN 978-7-302-58205-2

Ⅰ. ①全… Ⅱ. ①胡… ②单… ③李… Ⅲ. ①软件工具—自动检测 Ⅳ. ①TP311.561

中国版本图书馆 CIP 数据核字(2021)第 099082 号

责任编辑: 赵佳霓
封面设计: 吴　刚
责任校对: 徐俊伟
责任印制: 沈　露

出版发行: 清华大学出版社
　　网　　址: http://www.tup.com.cn,http://www.wqbook.com
　　地　　址: 北京清华大学学研大厦 A 座　　邮　编: 100084
　　社 总 机: 010-62770175　　邮　购: 010-83470235
　　投稿与读者服务: 010-62776969,c-service@tup.tsinghua.edu.cn
　　质量反馈: 010-62772015,zhiliang@tup.tsinghua.edu.cn
　　课件下载: http://www.tup.com.cn,010-83470236
印 装 者: 三河市少明印务有限公司
经　　销: 全国新华书店
开　　本: 186mm×240mm　　印　张: 20.25　　字　数: 455 千字
版　　次: 2021 年 8 月第 1 版　　印　次: 2021 年 8 月第 1 次印刷
印　　数: 1~1500
定　　价: 79.00 元

产品编号: 087586-01

前言
PREFACE

一名合格的自动化测试工程师,究竟需要具备什么样的技能?

从各种自动化测试招聘的岗位要求就能看出端倪。Java、Python、PHP,诸多编程语言至少需要熟练掌握其中一种。TestNG、Selenium、Appium、pytest、HttpRunner,常见的自动化测试框架需要熟练运用。掌握 API、Web、App 环境的自动化测试部署与整合……你会发现自己很难完全满足岗位需求。在笔者看来,一名合格的 UI 自动化测试工程师真正需要具备的是对新测试技术的求知精神和空杯心态。

上大学时听到最多的几个新鲜词汇:互联、信息化、数字化,在今天看来也已很平常。互联网时代,一切技术的发展和更新速度都可以用飞速来形容。至今笔者在这个行业工作也有 16 年了,几乎见证了国内互联网发展的整个过程,并且参与其中,成为互联网技术从业者这个沧海中的一粟。笔者现在主要带团队做 CNAS 三方评测,几年前开始有想法,将自己工作中沉淀下来的技术分享出来。于是开始授课,写技术类博客,录制视频课程。本书是笔者的第一本技术类作品,不足之处请多包涵。如果你在学习 UI 自动化测试技术时,从这本书中得到了一些帮助,那是笔者的荣幸。

本书目标读者

本书未涉及 Python 基础的讲解,因此在学习本书前需要有一些 Python 基础知识。书中内容适合大多数有意学习或提升自动化测试技能的读者。目标读者可以概括为下面几类。

(1) 对软件自动化测试技术感兴趣的初学者,跟着书中的讲解顺序学习即可。
(2) 自动化测试工程师,通过本书系统化自己所掌握的自动化测试技术。
(3) 大中专院校测试专业或测试培训班的学生,提升自己的岗位竞争力。
(4) 所有有意愿提升自己测试技术的从业者或准从业者,学习永远不晚。

本书特色

本书是一本适合自学的 UI 自动化测试技术参考书,涵盖 Web 端、App 端、Window 程序等主流测试软件类型。本书以实例代码驱动测试知识点,系统讲述基于 Selenium+Python+unittest 架构的 Web 程序实例测试框架,以及基于 Appium+Python+pytest 架构的 App 程序实例测试框架。

本书主要内容

Web 篇（第 1～9 章）

本篇主要介绍自动化测试行业现状，基础环境的搭建与配置，Selenium 最新版本的下载、安装及浏览器驱动的安装调试；页面元素定位方法的实现技巧及 WebDriver API 初级应用案例的分类讲解；基于 Window 自动化程序 AutoIt 的应用，与 Selenium 的配合使用方法；WebDriver API 高级应用案例及 unittest 框架与 Selenium 的整合应用。

App 篇（第 10～15 章）

本篇主要讲解 App 自动化测试现状及常用测试工具，移动端测试环境的搭建与配置；App 元素定位技巧及基于 App 的 WebDriver API 应用实战；pytest 测试框架的应用，以及与 Appium 的整合应用。

框架篇（第 16～20 章）

本篇系统讲解数据驱动在测试框架中的应用；基于 PO 模式的自动化框架实现及框架实战案例；持续集成与分布式环境的部署与运行。

致谢

首先要感谢本书编辑赵佳霓老师，你的宽容和责任心让这本书得以顺利出版，其次要感谢笔者的同事韩栋为本书提供参考资料并承担了后期书稿校对工作，最后要感谢笔者的妻子，为家庭的付出和包容笔者在写作期间无数次的加班及晚归。感谢一路走来所有关心和帮助过笔者的人。

胡胜强

2021 年 5 月

本书源代码下载

序一
FOREWORD

当今互联网行业经过二十多年的高速发展,网络用户数量呈指数级增长。互联网产品已经深入到人们日常工作和生活的各个场景中。企业、渠道、终端、个人,各种互联网营销模式层出不穷,而软件作为连接行业与用户之间的载体,也在数量和形式上得到长足发展。

软件规模和复杂程度随着用户需求的变更而不断提高,这就从测试精准度、测试可持续性等方面对软件测试工程师提出了更高的要求。传统功能测试如何适应软件迭代更新周期将是企业和研发团队需要面对的问题。UI 自动化测试工具和测试框架的引入,对手工测试是一个有益补充。企业在持续引入自动化测试工具和测试框架的同时,不能忽视对软件测试人才的培养。

测试作为整个软件研发流程中的一个环节,特别是在软件上线前 UI 层的体验式测试,更是关系到软件用户端的直接使用感受。很多情况下软件研发周期短,任务重,导致上线前对用户交互层测试投入时间不足。自动化测试的引入能有效弥补此类问题,而对自动化测试的实施者——自动化测试工程师,相较基础功能测试则提出更高的要求。一个合格的自动化测试工程师,我认为需要具有熟练的代码编写能力,对业务快速理解的能力,针对特定项目的测试框架设计及维护能力。

本书是一本 UI 自动化测试技术的工程实践著作,包含了对 UI 自动化测试理念的讲解,测试实现过程的剖析。更难能可贵的是作者选取了很多贴合实际的案例。理论与实际相结合,从来都是学习一项新技术的不二法门。工作性质的缘故,我对软件领域的前沿测试技术也颇多关注,见过不少只是简单地将测试相关软件使用手册翻译过来而成书的,这对国内软件测试从业者基本没有什么指导意义。我并不是否定软件使用手册本身,使用手册作为软件的入门还是很有必要存在的。但是如何将已有技术结合实际工作场景,让从业者能快速上手使用才应该是这类技术类图书该做的。本书在这点做得很不错,框架篇中甚至引入了一套生产环境可以直接使用的框架代码。

本书作者是长期工作在软件测试一线的从业者,书中案例的讲解均来自工作实践,这对自动化测试的初学者来说是一个福音。

最后，希望我国软件测试行业蓬勃发展，更多的从业者能通过《全栈 UI 自动化测试实战》这本书掌握自动化测试技术。

李卫

国家工业信息安全发展研究中心评测鉴定所副所长

序二
FOREWORD

全球软件行业高歌猛进,持续拓展,各种新的软件技术层出不穷,AI、大数据、云计算等新技术丰富了整个软件行业,随着软件架构的不断推进,软件涉及的领域越来越广泛,软件自身也变得越来越复杂,伴随而来的是,软件测试工作对测试工程师提出了更多的挑战,软件测试技术也在不断推陈出新。现如今的软件测试工程师不仅需要掌握相关领域的测试设计能力,还必须具备全面的测试开发能力,甚至要面对用户需求的不断变化所带来的测试变动的影响,因此全面提升软件测试工作的效率,加快软件测试工作交付的速度,保证未来软件质量可靠,都离不开测试工程师全面的技术能力和知识储备。

本书作者具有多年的行业从业经验,从事与自动化测试相关工作,积累了大量企业级项目的经验及案例。本书可谓作者呕心沥血之大作。书中内容主要涉及 Web、App、Window 应用程序的 UI 自动化测试,涵盖了当前自动化测试领域的全部范畴,而测试工具更是使用了很多企业较为流行的 Selenium+Python+unittest、Appium+Python+pytest 测试框架,兼容性、易用性较强,Python 语言简单易学、代码精简优雅,又有大量的第三方库支持,是自动化测试的首选开发语言,因此本书可以作为 UI 自动化测试的入门和提高教材。除此之外,书中还包含自动化测试实施过程中主流的数据驱动、PO 模式、CI 实施、分布式环境等内核技术,是一部自动化测试必不可少的工具书。

在章节安排上,作者巧妙地把基础知识、技能提高及案例分析有机结合起来,无论是自动化测试的初学者,还是自动化测试的资深工程师,都能在书中找到自己的知识定位。在内容安排上除了涉及自动化测试理念与方法等内容,更多的篇幅被用于介绍自动化测试的实战,作者独具匠心,将本书分为 Web 篇(第 1~9 章)、App 篇(第 10~15 章)和框架篇(第 16~20 章),内容清晰明了,具有很强的指导和实用意义。

读者朋友们,当你拥有一本好书,就好比战士拥有了一件趁手的武器,需要你把理论和书中的知识变成枪膛内的子弹,不但要打得响,更要打得准,所以当你阅读这本书的时候,一定要理论联系实际,也许刚开始的时候只是模仿,但是最后你一定会真真切切地体会到本书带给你的力量,每一段测试代码都有你自己思想的光芒。

广州亿能测试技术有限公司咨询总监

序三
FOREWORD

随着软件业不断推陈出新，测试需求也随之不断改变，测试过程日趋智能化。软件测试由原来的人工测试向自动化测试方向发展，不仅可以大大地提高测试效率，还能使测试人员从反复枯燥的测试工作中解放出来，测试人员可以把更多精力放在业务层。

软件测试行业体量相比前些年增长迅猛的势头有所缓和，但是并没有饱和，缺口依然很大。产生这种现象主要的原因在于大量测试从业者进入软件测试行业，很多测试人员的软件测试知识与测试技术水平呈金字塔状分化，技术全面的测试工程师占比不足，仍是各研发团队倾心的对象。很多公司虽然开展了自动化测试，但受限于整个团队的技术水平，短期内看不到自动化测试带来的成效。

软件测试行业的快速发展，大量人员涌入软件测试行业，很多测试人员由于软件测试知识不成体系，技术掌握得不牢固，只能做基础功能测试。随着软件行业的发展，企业更多需要的是一些技术层级较高的复合型测试工程师。

近几年，社会招聘软件测试工程师的必备技能要求中，代码水平、自动化测试实施及测试框架设计维护等条件成为必备技能。面试中会被问到自动化测试的相关知识。在项目具体自动化测试实施过程中，很多自动化测试理论无法很好地转换，从而不能很好地提升实际生产环境中的测试效率。

《全栈 UI 自动化测试实战》这本书以实例带动自动化测试内容的学习，全书知识分布循序渐进，让初学者在学习过程中更容易上手。这是一本 UI 自动化测试学习中很不错的参考书，希望更多的读者能通过这本书提升自己的测试技能，并在工作中付诸实践。

吴晓华

光荣之路测试开发培训创始人

目录
CONTENTS

Web 篇

第 1 章 Web 自动化测试介绍 ... 3
1.1 UI 自动化测试现状 ... 3
1.1.1 手工测试的升级 ... 3
1.1.2 被测软件的多样性 ... 4
1.1.3 用户体验式测试 ... 4
1.2 UI 自动化测试的优势 ... 5
1.2.1 UI 自动化测试的误区 ... 5
1.2.2 适合做自动化测试的项目 ... 7
1.2.3 适合开展自动化测试的团队 ... 7
1.3 主流 UI 自动化测试工具 ... 7
1.3.1 Selenium ... 8
1.3.2 UFT/QTP ... 9
1.3.3 Airtest ... 10
1.4 UI 自动化测试的终极目标 ... 11
1.4.1 以项目为核心打造测试框架 ... 11
1.4.2 以通用功能为核心打造平台 ... 12

第 2 章 环境搭建及配置 ... 14
2.1 Python 的安装及配置 ... 14
2.1.1 Python 优势 ... 14
2.1.2 Python 的安装 ... 15
2.1.3 Python 的配置 ... 16
2.2 PyCharm 的安装及配置 ... 17
2.3 第一个 PyCharm 项目 ... 20
2.3.1 PyCharm 项目创建 ... 20

　　　　2.3.2　Python 脚本创建 ……………………………………………………… 21
　　　　2.3.3　运行脚本 ………………………………………………………………… 22
　2.4　PyCharm 的常用配置 …………………………………………………………… 22
　　　　2.4.1　设置 Python 自动引入包 …………………………………………………… 22
　　　　2.4.2　设置"代码自动完成"时间延迟 ……………………………………………… 23
　　　　2.4.3　设置编辑器"颜色与字体"主题 ……………………………………………… 23
　　　　2.4.4　设置缩进符为制表符 Tab ………………………………………………… 25
　　　　2.4.5　设置 Python 文件默认编码 ………………………………………………… 25
　　　　2.4.6　设置代码断点调试 …………………………………………………………… 25

第 3 章　Selenium 及浏览器驱动的安装配置 …………………………………… 28

　3.1　Selenium 的下载及安装 ………………………………………………………… 28
　　　　3.1.1　Selenium 在线安装 …………………………………………………………… 29
　　　　3.1.2　Selenium 离线安装 …………………………………………………………… 30
　3.2　基于 FireFox 浏览器的驱动配置 ………………………………………………… 31
　　　　3.2.1　GeckoDriver 驱动配置的下载与配置 ………………………………………… 31
　　　　3.2.2　调用 FireFox 驱动测试 ……………………………………………………… 33
　3.3　基于 Chrome 浏览器的驱动配置 ………………………………………………… 33
　　　　3.3.1　ChromeDriver 驱动配置的下载与配置 ……………………………………… 33
　　　　3.3.2　调用 Chrome 驱动测试 ……………………………………………………… 34
　3.4　基于 IE 浏览器的驱动配置 ……………………………………………………… 34
　　　　3.4.1　IEDriverServer 驱动配置的下载与配置 ……………………………………… 35
　　　　3.4.2　调用 IE 驱动测试 …………………………………………………………… 35
　3.5　第一个 Web 自动化测试脚本 …………………………………………………… 36

第 4 章　页面元素定位的 8 种方法 ………………………………………………… 39

　4.1　元素定位的重要性 ………………………………………………………………… 39
　4.2　Selenium 元素定位方法分类 …………………………………………………… 39
　　　　4.2.1　新版本定位方法 ……………………………………………………………… 40
　　　　4.2.2　老版本定位方法 ……………………………………………………………… 41
　4.3　6 种基本元素定位方法的实现 …………………………………………………… 41
　　　　4.3.1　ID 定位 ………………………………………………………………………… 42
　　　　4.3.2　NAME 定位 …………………………………………………………………… 42
　　　　4.3.3　CLASS 定位 …………………………………………………………………… 43
　　　　4.3.4　TagName 定位 ………………………………………………………………… 43
　　　　4.3.5　LinkText 定位 ………………………………………………………………… 44

    4.3.6　PartialLinkText 定位 ································· 45
  4.4　XPath 元素定位方法的实现 ·································· 45
    4.4.1　绝对路径 ·· 46
    4.4.2　相对路径 ·· 47
    4.4.3　模糊定位 ·· 48
    4.4.4　XPath 表达式 ··· 50
  4.5　CSS 元素定位方法的实现 ····································· 51
    4.5.1　绝对路径 ·· 52
    4.5.2　相对路径 ·· 52
    4.5.3　模糊定位 ·· 53
    4.5.4　辅助定位表达式 ······································ 54
  4.6　元素定位方法的选择 ··· 55
    4.6.1　多元素定位方法的使用 ······························· 56
    4.6.2　元素定位方法的适用场景 ··························· 56

第 5 章　WebDriver API 初级应用案例 ·································· 58

  5.1　获取页面属性操作 ·· 58
    5.1.1　获取页面 Title 属性值 ································ 58
    5.1.2　获取页面源码 ··· 59
    5.1.3　获取页面元素文本信息 ······························· 59
    5.1.4　获取并设置当前窗口大小 ··························· 60
  5.2　输入操作 ··· 61
    5.2.1　输入文本操作 ··· 61
    5.2.2　单选、复选框操作 ···································· 61
    5.2.3　下拉列表操作 ··· 62
    5.2.4　复位操作 ·· 63
  5.3　鼠标操作 ··· 64
    5.3.1　单击操作 ·· 65
    5.3.2　双击操作 ·· 65
    5.3.3　右击操作 ·· 66
    5.3.4　鼠标拖曳操作 ··· 66
  5.4　键盘操作 ··· 67
    5.4.1　输入操作 ·· 67
    5.4.2　组合热键操作 ··· 67
    5.4.3　右击菜单进行选择操作 ······························· 68
  5.5　执行 JavaScript 脚本操作 ···································· 70

5.5.1	JavaScript 弹窗操作	71
5.5.2	JavaScript 输入操作	72
5.5.3	JavaScript 滑屏操作	73
5.5.4	JavaScript 辅助操作	74

第 6 章　基于 Window 自动化程序 AutoIt 应用　75

- 6.1　AutoIt 介绍　75
- 6.2　AutoIt 安装与调试　76
  - 6.2.1　AutoIt 下载与安装　76
  - 6.2.2　AutoIt 脚本编辑器　77
  - 6.2.3　Au3Info 窗口信息工具　78
  - 6.2.4　脚本的编译运行　78
- 6.3　第一个 AutoIt 自动化脚本的实现　80
  - 6.3.1　脚本编写　80
  - 6.3.2　生成可执行文件　82
  - 6.3.3　运行实例　83
- 6.4　AutoIt 脚本基础语法　83
  - 6.4.1　变量类型、关键字、运算符　83
  - 6.4.2　条件与循环语句　84
  - 6.4.3　用户函数与内置函数　90
  - 6.4.4　宏指令　95
- 6.5　AutoIt 应用案例　96
  - 6.5.1　Notepad 案例　97
  - 6.5.2　Inputbox 案例　98

第 7 章　WebDriver API 高级应用案例　100

- 7.1　Handles（句柄）跳转案例　100
  - 7.1.1　浏览器句柄切换实例　100
  - 7.1.2　百度首页登录实例　102
- 7.2　浮动框定位操作案例　103
  - 7.2.1　搜索页面下拉列表框实例　103
  - 7.2.2　地区定位下拉列表框实例　105
- 7.3　Window 弹窗操作案例　106
  - 7.3.1　文件上传　106
  - 7.3.2　文件下载　108
- 7.4　基于 iframe 框架的操作案例　110
  - 7.4.1　动态属性定位　111

7.4.2　邮箱登录实例 ······ 112
　7.5　断言相关操作案例 ······ 114
　　　7.5.1　断言失败截屏 ······ 115
　　　7.5.2　图像对比断言 ······ 115

第 8 章　unittest 框架的应用 ······ 118

　8.1　unittest 介绍 ······ 118
　　　8.1.1　unittest 框架的构成 ······ 118
　　　8.1.2　第一个 unittest 示例 ······ 119
　8.2　TestCase 与 TestFixture 的应用 ······ 120
　　　8.2.1　用例的执行顺序 ······ 120
　　　8.2.2　TestFixture 的使用 ······ 121
　8.3　TestSuite 的应用 ······ 124
　　　8.3.1　测试套件的创建 ······ 125
　　　8.3.2　discover 执行更多用例 ······ 127
　　　8.3.3　批量执行用例 ······ 127
　8.4　TestRunner 的应用 ······ 128
　　　8.4.1　断言的使用 ······ 128
　　　8.4.2　装饰器的使用 ······ 129
　　　8.4.3　生成测试报告 ······ 130

第 9 章　Selenium 与 unittest 框架的整合应用 ······ 136

　9.1　框架整体思路 ······ 136
　9.2　case 模块用例 ······ 137
　9.3　data 模块数据 ······ 139
　9.4　report 模块 ······ 139
　9.5　utils 功能模块 ······ 140
　　　9.5.1　数据读取功能 ······ 140
　　　9.5.2　初始化目录 ······ 141
　　　9.5.3　日志记录功能 ······ 142
　9.6　bin 运行模块 ······ 142

App 篇

第 10 章　App 自动化测试介绍 ······ 147

　10.1　App 自动化测试现状 ······ 147
　　　10.1.1　测试工具的选取 ······ 147

10.1.2　移动端软件的多样性 …… 148
10.2　Appium 自动化测试工具 …… 149
　　10.2.1　Appium 介绍 …… 149
　　10.2.2　Appium 工作原理 …… 150
10.3　模拟器及手机投屏工具 …… 151
　　10.3.1　基于 Android 模拟器 …… 151
　　10.3.2　真机投屏工具 …… 151

第 11 章　移动端环境搭建及配置 …… 154

11.1　Appium 的安装与配置 …… 154
　　11.1.1　Node.js 的安装 …… 154
　　11.1.2　Appium 的安装 …… 156
11.2　Android 环境的安装 …… 157
　　11.2.1　Java 的安装与配置 …… 157
　　11.2.2　Android ADT&SDK 的配置 …… 158
　　11.2.3　SDK Manager 下载配置 …… 159
　　11.2.4　Android 模拟器的安装 …… 159
　　11.2.5　夜神模拟器 …… 161
11.3　第一个可运行 App 自动化脚本 …… 162
　　11.3.1　创建 Android 模拟器 …… 162
　　11.3.2　启动 Appium …… 164
　　11.3.3　自动化脚本编写 …… 164
　　11.3.4　运行自动化脚本 …… 165
11.4　adb 命令基础 …… 166
　　11.4.1　查看设备命令 …… 166
　　11.4.2　安装卸载命令 …… 167
　　11.4.3　文件推送命令 …… 168

第 12 章　App 元素定位实战 …… 169

12.1　uiautomatorviewer …… 169
　　12.1.1　uiautomatorviewer 介绍 …… 169
　　12.1.2　uiautomatorviewer 定位 …… 170
12.2　Appium Inspector …… 171
　　12.2.1　设置 Appium …… 171
　　12.2.2　开启 Inspector …… 172
　　12.2.3　元素定位 …… 174

12.2.4　录制操作脚本 ………………………………………………… 174
　12.3　4 种属性定位方法 ……………………………………………………… 175
　　　12.3.1　ID 定位 …………………………………………………………… 175
　　　12.3.2　NAME 定位 ……………………………………………………… 176
　　　12.3.3　CLASS 定位 ……………………………………………………… 176
　　　12.3.4　accessibility_id 定位 …………………………………………… 178
　12.4　XPath 定位方法 ………………………………………………………… 179
　　　12.4.1　基本元素定位 …………………………………………………… 179
　　　12.4.2　元素模糊定位 …………………………………………………… 181
　　　12.4.3　层级定位 ………………………………………………………… 182

第 13 章　基于 App 的 WebDriver API 应用实战 ……………………… 183

　13.1　属性获取操作 …………………………………………………………… 183
　　　13.1.1　控件文本获取实例 ……………………………………………… 183
　　　13.1.2　获取控件可用性操作 …………………………………………… 184
　　　13.1.3　获取控件是否选中操作 ………………………………………… 185
　　　13.1.4　获取控件是否显示操作 ………………………………………… 185
　13.2　手势响应操作 …………………………………………………………… 186
　　　13.2.1　滑动操作 ………………………………………………………… 186
　　　13.2.2　单击操作 ………………………………………………………… 187
　　　13.2.3　缩放操作 ………………………………………………………… 189
　　　13.2.4　滚动操作 ………………………………………………………… 192
　　　13.2.5　拖曳操作 ………………………………………………………… 193
　13.3　系统相关操作 …………………………………………………………… 194
　　　13.3.1　获取屏幕大小 …………………………………………………… 194
　　　13.3.2　推送文件 ………………………………………………………… 195
　　　13.3.3　截屏操作 ………………………………………………………… 196
　　　13.3.4　App 安装及检测 ………………………………………………… 198
　13.4　上下文切换操作 ………………………………………………………… 199
　　　13.4.1　切换上下文操作 ………………………………………………… 199
　　　13.4.2　切回操作 ………………………………………………………… 201

第 14 章　pytest 框架的应用 …………………………………………… 202

　14.1　框架介绍及安装 ………………………………………………………… 202
　　　14.1.1　pytest 框架构成 ………………………………………………… 202
　　　14.1.2　pytest 的安装 …………………………………………………… 203

14.2 使用流程 · 203
    14.2.1 pytest 运行规则 · 204
    14.2.2 pytest 测试用例 · 206
14.3 Fixture 的使用 · 207
    14.3.1 Fixture 的优势 · 207
    14.3.2 用例运行级别和优先级 · 207
    14.3.3 conftest.py 的配置 · 212
14.4 参数化 · 216
    14.4.1 参数化的实现 · 216
    14.4.2 参数组合的实现 · 217
14.5 装饰器与断言 · 219
    14.5.1 装饰器的使用 · 219
    14.5.2 断言的使用 · 220

第 15 章 Appium 与 pytest 框架的整合应用 · 222

15.1 框架整体思路 · 222
15.2 Report 模块的整合 · 222
    15.2.1 Allure 的安装与配置 · 223
    15.2.2 运行日志输出 · 224
    15.2.3 运行结果输出 · 225
15.3 配置与数据模块整合 · 225
    15.3.1 框架配置参数 · 225
    15.3.2 json 数据的读取 · 226
15.4 case 模块的整合 · 227
15.5 框架的运行维护 · 228

框架篇

第 16 章 数据驱动测试应用 · 233

16.1 基础数据管理模块的实现 · 233
    16.1.1 从文件中读取测试数据 · 233
    16.1.2 将测试结果写入数据文件 · 235
16.2 基于 ddt 数据驱动的实现 · 237
    16.2.1 ddt 的介绍及安装 · 237
    16.2.2 ddt 读取测试数据 · 237
    16.2.3 ddt 对不同数据源的管理 · 239

16.3 基于 Excel 表方式数据管理模块的实现 ························· 239
    16.3.1 Excel 管理模块的介绍及安装 ······················· 239
    16.3.2 Excel 表数据的读取 ······························ 240
    16.3.3 Excel 表数据的写入 ······························ 241
    16.3.4 模块化基于 Excel 数据表的操作 ··················· 243
16.4 数据库方式数据管理模块的实现 ····························· 246
    16.4.1 数据库驱动的安装调试 ··························· 246
    16.4.2 基础数据表及数据的初始化 ······················· 248
    16.4.3 测试数据的读取和写入 ··························· 252
    16.4.4 模块化数据库操作 ······························· 254

第 17 章 基于 PO 模式的自动化框架实现 ························· 258

17.1 什么是 PO 模式 ·· 258
17.2 PO 模式在 UI 自动化中的优势 ···························· 259
    17.2.1 三层模式 ······································· 259
    17.2.2 模式示例 ······································· 259
17.3 定位元素层的实现 ······································ 260
    17.3.1 实现思路 ······································· 260
    17.3.2 实现过程 ······································· 261
17.4 操作层的实现 ·· 261
    17.4.1 实现思路 ······································· 261
    17.4.2 实现过程 ······································· 261
17.5 业务层的实现 ·· 263
    17.5.1 实现思路 ······································· 263
    17.5.2 实现过程 ······································· 263

第 18 章 PO 模式的自动化框架实战 ····························· 266

18.1 框架整体设计思路 ······································ 266
18.2 utils 模块的开发 ·· 267
    18.2.1 配置数据的存放与读取 ··························· 267
    18.2.2 日志、截图及测试结果的输出 ····················· 268
    18.2.3 驱动及全局变量的设置 ··························· 270
18.3 page 模块的开发 ·· 271
    18.3.1 通用方法的实现 ································· 271
    18.3.2 基础页面操作的实现 ····························· 272
18.4 action 模块的开发 ······································ 273

18.5 business 模块的开发 ·· 274
　　18.5.1 业务流用例的执行和输出 ······································ 274
　　18.5.2 运行方法的实现 ··· 275
18.6 框架整体优化 ·· 276
　　18.6.1 加入数据驱动 ··· 276
　　18.6.2 优化运行方法 ··· 277
　　18.6.3 其他优化项 ··· 279

第 19 章　基于 Jenkins 持续集成的实现 ································· 280

19.1 什么是持续集成 ·· 280
19.2 Jenkins 的安装配置 ·· 281
　　19.2.1 软件的下载 ·· 281
　　19.2.2 JDK 的安装和配置 ·· 281
　　19.2.3 Tomcat 的安装和配置 ·· 283
　　19.2.4 Jenkins 的安装和配置 ··· 284
19.3 构建定时任务 ·· 287
　　19.3.1 构建 Project 的基本流程 ······································· 287
　　19.3.2 构建基于 Selenium 脚本的项目 ································· 290

第 20 章　Selenium Grid 部署分布式环境 ······························· 292

20.1 什么是 Selenium Grid ··· 292
20.2 多线程分布式环境构建过程 ·· 293
　　20.2.1 运行环境的准备 ·· 293
　　20.2.2 Selenium Grid 配置 ·· 294
　　20.2.3 运行调试 ·· 296
20.3 多浏览器兼容性运行测试 ·· 296
　　20.3.1 单浏览器运行调试 ·· 297
　　20.3.2 多浏览器运行调试 ·· 298
20.4 分布式自动化测试实例 ··· 299

Web篇

Web 软件作为整个软件生态链中的一个重要分支,针对它所衍生出来的测试方法及自动化测试工具也层出不穷。与之配套的软件测试方法也层出不穷。Selenium 作为 Web 自动化测试解决方案之一,是 UI 层 Web 功能自动化测试中首选的解决方案。

第 1 章 Web 自动化测试介绍

Web 以一个技术名词出现,到现在已有 30 多年了。围绕它所衍生出来的众多新技术及由这些新技术所开发出来的更多软件,不需要罗列出来,它们几乎渗透到人们日常生活和工作的每个角落。作为软件开发过程中不可或缺的一个环节,软件测试技术版图中也出现大量基于 Web 类软件的各色相关测试技术,而 UI 自动化测试技术则是 Web 测试技术版图中一项很重要的组成部分。

1.1 UI 自动化测试现状

笔者从 2010 年前后开始接触自动化测试,经历了自动化测试技术从起步到全栈式普及的整个过程。最早在工作中对项目软件做自动化测试用的是 MonkeyTest,后来使用 QTP,以及 LoadRunner 运行测试脚本。再往后行业内开始趋同,使用 Selenium、Robot Framework、Appium 应对不同类型的软件自动化测试场景。现在又出现了很多针对特定类型软件展开自动化测试的定制版平台软件。可以近距离感受到的是在软件测试链条上自动化测试这一组成部分的重要性在逐步增加。

简单来讲,UI 自动化测试从起步到现在经历了 3 个阶段:手工替代、自动化工具、自动化辅助。

1.1.1 手工测试的升级

软件的手工测试给人的第一印象就是"点点点"。早在 2010 年以前,产品公司招聘软件初级测试人员的要求也是如此,要求会对软件进行测试并找出 Bug 即可。测试外包公司对初级测试人员要求多一点,但也只是到会执行用例、写缺陷报告为止。很多初级测试人员经过培训机构培训或在实习岗实践后转到测试行业,他们中的大部分人员缺乏全代码编写能力,从而让自动化测试在这种状况下很难成规模推行。

随着互联网的发展,IT 技术岗成为一个站在风口受益的职位。这其中,软件测试也开始被越来越多的开发团队所认可。随之而来的就是无尽的软件版本迭代,以及与迭代版本相匹配的每一轮软件测试。

以 2013 年为时间节点，Android 智能手机快速普及，大量基于 Android 平台的 App 软件应运而生。App 软件的特点之一是版本迭代快。快速功能更新，Bug 的快速修复，配之以高强度的重复性功能测试，这时 UI 自动化测试开始被重视起来。通过简单的脚本录制回放即可替代部分重复性的手工测试。

至此，初级测试岗招聘要求里开始出现新的一条要求：有自动化测试经验者优先。

1.1.2　被测软件的多样性

互联网的快速发展带来的是日常生活习惯的改变。人们开始习惯于网上购物、扫码支付、在线点餐、在线订票、订酒店……改变人们日常生活习惯的是一系列运行在各种平台上的软件。按照软件属性大致可以分为以下几类：

1．PC 端

（1）传统 B/S 架构网站（百度、淘宝、京东等）。

（2）传统 C/S 架构客户端（腾讯 QQ、百度网盘、阿里旺旺等）。

2．移动端

（1）支付类软件（支付宝、微信支付、云闪付等）。

（2）通信类软件（微信、钉钉、手机 QQ 等）。

（3）社交类软件（抖音、微博、快手等）。

（4）游戏类软件。

3．嵌入式

智能类软件（小爱音箱、小度、扫地机器人等）。

还有很多未进入这个分类的软件，大多是一些行业软件，其通用性不强。

这些种类繁多的软件所带来的是软件功能测试工作量的指数级上升。有些时候测试人员的增多和工作效率相比并不总成正比，特别是一些随机性很强的操作。由于这些软件跨平台及跨领域，单一的传统的测试工具已无法满足种类众多的软件进行 UI 自动化测试的要求，因此各种自动化测试工具开始出现。每个测试岗招聘需求里对测试工具的要求都不尽相同，正如每个测试工具所适用的被测软件也是不一样的。

有一点是相同的，初级测试岗的招聘需求里都会有这么一条：至少掌握一种自动化测试工具。

1.1.3　用户体验式测试

在自动化测试工具为王的时期，很多开发团队都开展了软件测试的自动化过渡期。在他们看来，手工测试的时代已经过去了。未来软件功能测试必将被 UI 自动化测试工具所全面替代。

一段时间后，这个过程可能是一两年，也可能会更久一点。很多项目负责人发现自动化测试并没有带来预期效果，大量的脚本维护、更新，并没有为测试节约更多的人力、物力。于是又传出 UI 自动化测试鸡肋之说。

自动化测试无法取代手工测试。手工测试的存在有它的必然性,例如用户体验。一款软件不可能装载到用户环境以后再考虑用户使用感受。用户发现在日常使用过程中出现的Bug,将它们写进软件意见反馈模块并提交,这是软件研发者的一个梦想。

自动化测试工具在实际软件项目自动化测试构建过程中的不适,只说明了一个问题,每种类型的软件都有其特殊性。很多自动化测试工具其实就是一个自动化测试框架的平台化或模块化,不可能适合所有的软件测试场景,这时就需要在其原有基础上进行二次构建。

以本书将要讲到的 Selenium 为例。Selenium 本身就是 UI 自动化测试的一个解决方案,在 Selenium 上使用的 unittest 单元测试框架进行 UI 自动化其实就是在两个测试框架的基础上进行二次整合,这还不包括本书第 9 章在框架构建过程中额外加入的一些新的扩展功能。测试人员在现有主流测试工具或测试框架的基础上进行二次构建,以期适应特定团队软件研发流程、特定软件测试属性的 UI 自动化测试模式,将会是一项必须具备的能力。

目前,UI 自动化测试岗招聘要求里常常会出现这样的要求:熟悉各种自动化测试工具,以及测试开发框架,并具有二次开发测试框架经验者优先。

1.2　UI 自动化测试的优势

首先,软件功能测试引入自动化测试一定会带来很多便利。只是不同的项目引入自动化测试的切入点会不一样。在没有弄明白项目推进过程中哪个环节更适合引入自动化测试就盲目引入,会出现不适。其次,多数项目都适合引入自动化测试,如果感觉引入自动化测试之后测试效率降低了,可参照本段第一句话。最后,简单列举几点项目中 UI 自动化测试相对于手工测试的优势,如下:

(1)在回归测试中,保障每轮测试的一致性和可重复性。
(2)在多数据验证功能上,避免了手工测试中数据归纳方法可能会遗漏 Bug 的风险。
(3)版本迭代过程中及时对已有模块验证。
(4)多浏览器兼容性测试可轻松实现。

接下来重点说明一下 UI 自动化测试引入过程中会遇到的 3 个问题:UI 自动化测试的误区、适合做自动化测试的项目、适合开展自动化测试的团队。

1.2.1　UI 自动化测试的误区

对 UI 自动化测试所存在的偏见有两种情况:项目中未引入 UI 自动化、项目中引入 UI 自动化失败。一项技术总会存在短板的,需要合理使用一项技术的优势部分为测试项目带来帮助。下面列出几种常见对 UI 自动测试存在的误解。

1. UI 自动化测试找不到 Bug

UI 自动化测试在项目中常常用在快速回归已存在模块功能。Bug 出现最多的地方往往存在于新开发的功能模块。UI自动化测试过程中发现的Bug通常都是新增模块对已存在模块功能产生影响时出现的,因此说Bug产生最多的阶段仍旧还是对新功能进行手工测试阶段。当项目有新的功能模块迭代进来时,UI自动化测试的最大作用是验证新的功能模块是否对原有功能产生影响。若产生影响,则自动化用例执行过程中会报出Bug。

2. UI自动化测试比手工测试速度快

UI自动化测试是仿人工操作过程的,因此很多步骤会有等待加载过程。为了保证UI自动化测试用例在无人值守情况下顺利进行,会在很多页面打开时加入等待时间。这会让自动化用例在执行过程中看起来比手工测试执行要慢一些。

UI自动化测试与手工测试更多的是相互补充的关系。新功能集成进系统时,手工测试可以更有效地检测出功能与需求不相符之处。手工测试一两轮后,模块功能的实现已基本得到保障,这时将用例写成自动化用例后并入UI自动化框架中进行执行。

一个比较良好的循环是:
(1)早上发布新功能模块。
(2)测试人员手工完成新功能的验证。
(3)晚上运行无人值守UI自动化测试用例。
(4)查看运行结果以判断新集成功能模块对系统的影响度。
(5)对新模块功能编写自动化测试用例。

3. UI自动化测试可以替代手工测试

在第二部分已经讲过,手工测试与UI自动化测试是相互补充的关系,二者都具有不可替代性。UI自动化的缺失会增加手工测试的工作量,同样手工测试的缺失会让系统遗漏很多重要Bug,因此现在很多初级功能测试岗位往往要求具有手工测试和自动化测试两种技能,实际工作时两种测试都需要参与。

4. UI自动化测试不如接口自动化测试

首先需要明确一下,UI自动化测试是模拟用户手工操作的自动化,用例结果除了验证功能正确性以外,还要验证操作的正确性。接口是模拟浏览器请求与响应的自动化,用例结果主要用来验证功能的正确性。

一条UI自动化用例打开页面的动作会向服务器发送很多资源类和非资源类请求,服务器会返回巨量响应数据。特别是图片、视频、声频、js脚本、css样式表等资源类请求,需要较长加载时间,这就导致一条用例执行时间与手工用例执行相比耗时更长。

接口自动化用例通常是一条非资源类请求,特点是响应速度快,用例执行过程中几乎没有等待时间。1000条单请求接口用例执行总耗时大约需要10分钟左右。1000条中等操作步骤UI自动化测试用例执行时间需要8~10个小时才能完成。

因此,在仅验证功能返回数据的正确性时,接口测试是一个比较好的选择。若在验证功能正确性的同时仍需要验证操作正确性,则UI自动化测试不可或缺。很多注重用户体验测试团队所构建的自动化测试框架中会兼顾UI和接口两种用例。

1.2.2 适合做自动化测试的项目

自动化测试引入项目的前提是可以减少手工用例执行的工作量。项目简单到只有几个功能的软件肯定不适合测试自动化。多数项目适合开展自动化测试，关键是找准切入点。下面列举几种项目开展自动化测试的适应情况。

1. 适用自动化测试

（1）体量大且开发周期长的项目。

（2）软件版本迭代频繁的项目。

（3）功能模块很少变更的项目。

（4）功能周期性变更升级的项目。

2. 部分适用自动化测试

（1）开发周期长的定制型项目。

（2）大数据分析类项目。

3. 不适用自动化测试

（1）开发周期短的项目。

（2）功能不稳定的项目。

（3）人机交互类项目。

1.2.3 适合开展自动化测试的团队

没有不适合开展自动化测试的团队，这里所讲的适合主要指的是团队现状。一个不重视测试的研发团队肯定很难开展自动化测试。这里仅列出几项在团队层面上开展自动化测试工作的有利因素。

（1）研发团队有较完善的开发测试流程。

（2）开发人员与测试人员有较好的沟通机制。

（3）测试人员能及时获取软件更新信息。

1.3 主流 UI 自动化测试工具

UI 自动化工具数量众多，如开源的、商业版的、大厂专用的、平台二次开发的，其数量多达上百种。本节按软件分类简单罗列几种使用者较多的主流自动化软件，每种类型会重点介绍一款。

（1）页面类：Selenium、soapUI、Katalon Studio。

（2）窗口类：UFT/QTP、RFT、TestComplete、AutoIt。

（3）手机类：Appium、UIAutomater、Monkey。

（4）图像类：Airtest。

1.3.1 Selenium

Selenium 是一个用于 Web 应用程序测试的开源软件。2004 年由 Jason Huggins 开发并正式命名为 Selenium Core。2005 年以 Selenium RC 为核心的 Selenium 1 正式发布。2018 年 Selenium 团队宣布发布 Selenium 4，截至目前最新发布的测试版本是 Selenium 4.0.0a6.post2。其优点有以下几个方面。

（1）支持包括 IE、Chrome、FireFox、Edge 在内的大多数浏览器。
（2）用户数量庞大及提供技术支持。
（3）多平台支持：Linux、Windows、Mac。
（4）多语言支持：Java、Python、Ruby、C#、JavaScript、C++。
（5）支持分布式测试用例执行。

Selenium 套件中也提供了一款基于 FireFox 浏览器的插件 Selenium IDE。Selenium IDE 可以实现 FireFox 浏览器下 Web 页面操作实时脚本录制功能，界面如图 1.1 所示。

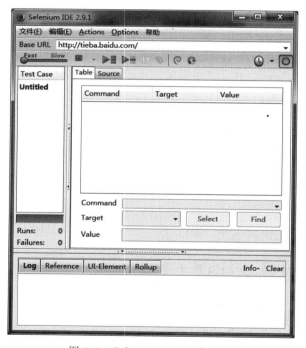

图 1.1　Selenium IDE 运行界面

Selenium IDE 是 UI 自动化测试入门学习阶段一个较为实用的选择，它可以将录制过程直接生成 Selenium 可运行的脚本文件。随着基于 Selenium 的 UI 自动化测试在测试项目中的普及，Selenium IDE 在实际工作环境中不再适用，逐步被 Selenium Core 所取代。Selenium IDE 3.17.0 版支持 FireFox 浏览器和 Chrome 浏览器，之后再无版本更新记录。

1.3.2 UFT/QTP

UFT(Unified Functional Testing)是一款 UI 自动化测试工具,其前身是 QTP(QuickTest-Professional),从 QTP 11.5 开始更名为 UFT。UFT 以 VBScript 为内嵌语言,支持两种脚本编写模式:一种是 Keyword View(关键字视图);另一种是 Expert View(专家视图),如图 1.2~图 1.4 所示。

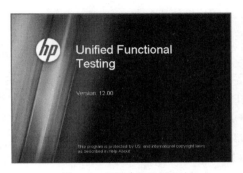

图 1.2　UFT 启动界面

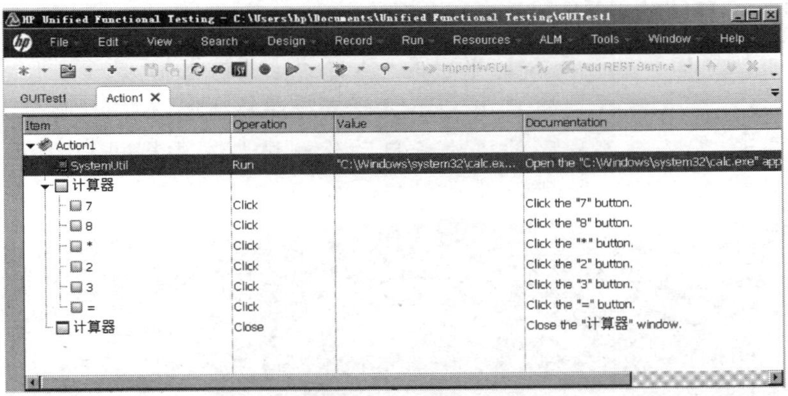

图 1.3　UFT 关键字视图

图 1.4　UFT 专家视图

Keyword View(关键字视图)是一种以对象为核心的脚本编写模式。Expert View(专家视图)是一种与关键字视图对应的脚本呈现方式,可以直接在专家视图中使用 VBScript 语言编写测试脚本。

UFT 工作流程分为以下几步。

(1) 创建测试脚本。

(2) 回放并验证脚本。

(3) 测试脚本增强(参数化、检查点)。

(4) 运行测试脚本。

(5) 分析测试结果。

(6) 维护测试脚本。

UFT 优点有以下几个方面。

(1) 强大的实时脚本录制功能。

(2) 支持 Web、Visual Basic、Active 等类型产品测试。

(3) 提供基于.NET、Java、SAP 等众多插件程序的支持。

(4) 强大的对象库管理功能。

1.3.3　Airtest

Airtest 框架是基于 Python 的跨平台的 UI 自动化测试框架,这个框架基于脚本语言 Sikuli 进行开发。在 Airtest 框架下,用户不需要逐行编写代码,使用软件截屏的方式截取可操作控件图形,置入被测程序的可执行自动化测试脚本中即可自动生成定位元素。Airtest IDE 运行界面如图 1.5 所示。

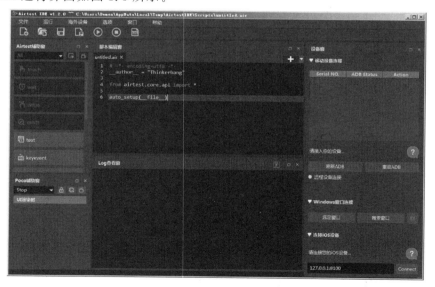

图 1.5　Airtest IDE 运行界面

Airtest 优点有以下几个方面。

（1）基于图像识别原理，适用于游戏和 App。

（2）根据截取关键控件图像进行定位，降低 UI 自动化脚本定位难度。

（3）提供了 Airtest IDE 工具，可以进行程序操作的录制和回放功能。

1.4 UI 自动化测试的终极目标

在 1.1 节介绍了 UI 自动化测试现状，UI 自动化测试的 3 个阶段可以理解为在项目测试中展现出来的 3 种形态。软件测试过程中引入 UI 自动化测试的终极目标是什么？可以是手工测试的部分替代，也可以是高强度重复、无聊验证测试的持续执行。每个人都会有一个自己认为的自动化测试该有的样子。

本节笔者将会结合这些年在一些项目中实施 UI 自动化测试的心得，从两个方向讲解 UI 自动化测试的现状及目标。

1.4.1 以项目为核心打造测试框架

在开发和测试过程中，没有两个完全相同的产品软件。在同一个应用领域，即使两款应用软件的实际业务流程相仿，也同样会有很大差异。例如同样为外卖订餐软件的美团外卖和饿了么，至少它们的第三方接入平台不同，所以针对这两款软件的 UI 层自动化测试方案也会相异。

再设想一种方案，两个团队针对同一目标客户开发同一款软件。如果真有这样的情况出现，在两个项目中实施 UI 层的自动化测试也不会完全相同，因为它们是由不同团队来完成这件事的。

项目产品在研发过程中需要引入 UI 层自动化测试方案，可以事先进行调研，根据实际需求来决定构建测试框架时的侧重点。下面列举几种类型产品调研实施过程。

1. 某金融类证券管理系统

1）自动化引入调研

（1）与第三方金融类软件实时数据交互验证。

（2）增量式软件迭代更新模式。

（3）已有成熟模块很少出现功能变更。

（4）有操作界面流程验证需求。

（5）新模块上线后对整个软件进行快速功能验证。

（6）传输数据正确性验证频繁（5～10 次/天）。

2）自动化测试方案

（1）UI 自动化测试用例使用 unittest 单元测试框架。

（2）所有用例采用模块化管理。

（3）引入持续集成管理模块分布式运行用例。

(4) 夜间运行 UI 自动化测试用例(避开每天 9:00—16:00 生产环境工作时段)。
(5) 关键数据 API 引入接口用例管理。
(6) 使用数据驱动管理接口用例调用数据(Excel 文件方式存储)。
(7) 持续集成管理模块设置为软件部署触发式执行。
(8) 用例执行过程中产生的测试数据在结束运行时自动销毁。

2．某移动端电商 App 客户端及微信小程序

1) 自动化引入调研

(1) 客户端每 1~2 个月进行一次模块级更新。
(2) 客户端每月进行两到三次修复改进级更新。
(3) 微信小程序随微信主程序版本更新每月进行 1~2 次功能验证。
(4) 重大节日临时模块集成更新验证及节日后进行软件恢复验证。

2) 自动化测试方案

(1) UI 自动化测试用例使用 unittest 单元测试框架。
(2) 所有用例采用模块化管理。
(3) 随版本更新手工执行部分模块 UI 自动化测试用例。
(4) 第三方支付模块用例在测试环境使用挡板配合执行。
(5) 小程序用例在每次修复性更新后手动执行。
(6) 定时维护及更新 UI 自动化测试用例脚本。

3．某大型活动类产品推广 Web 端及 App 客户端

1) 自动化引入调研

(1) Web 端以参展厂商宣传展示为主,数据通过后台添加。
(2) Web 端没有动态交互功能。
(3) App 端根据具体活动内容进行功能调整。
(4) 活动频率为每月 1~2 次,活动城市不确定。
(5) 每次根据具体活动内容对 App 端软件进行较大调整。

2) 自动化测试方案

(1) Web 端没有交互类操作,没有自动化测试需求。
(2) App 端每次软件更新均为具体某地大型活动的一次性软件,使用场景针对性强,没有引入自动化测试的条件。

1.4.2 以通用功能为核心打造平台

虽然前面一直在强调自动化测试项目的相异性,不可否认的是,自动化测试框架中始终存在一部分通用功能,例如自动化测试用例脚本的管理,以及数据的读取和写入、测试报告的生成等。

在一个软件项目中引入自动化测试时都存在两个通病。一是测试人员的编程水平参差不齐,他们一起维护同一个用例框架时,可能会出现一些不可预料的运行异常。二是在很多项目中部署并实施自动化测试方案时,往往以团队中某一位技术人员为主。这样做的劣势和优势同样明显,一旦框架主要开发维护人员离职,后续接手的技术人员很难在短时间内继续使用现有自动化测试框架。有些团队最后甚至被迫将原有自动化测试方案推倒重来。

引入自动化测试平台,将团队中较为成熟的自动化测试框架固化成一个平台软件,可以很大程度缓解上述两种弊端。

简单罗列引入自动化测试平台的优势如下。

(1) 自动化测试脚本标准化。

(2) 降低自动化测试用例编写难度。

(3) 统一的数据导入/导出接口。

(4) 平台运行与平台开发者的耦合度降低。

在本章的最后还需要说明一个问题,很多自动化测试初学者会纠结先学 UI 自动化测试还是先学接口自动化测试。其实在工作环境中两种自动化测试并不在同一层面。UI 自动化测试主要强调的是软件操作的连贯性,是站在用户使用角度的一个针对软件的自动化功能验证。接口自动化测试主要强调的是请求与响应中数据的正确性,主要用于验证不同请求时服务器端返回数据的有效性,二者基本不存在递进关系。在项目测试时究竟引入哪个主要是看实际需求,关于这一点在 1.4.1 节中已有说明。

第 2 章 环境搭建及配置

本章主要讲解如何搭建 Web 自动化测试的环境,以及自动化脚本编写过程中与工具相关的一些小技巧。在软件测试领域自动化测试这一工作分支中,编程语言以 Python 与 Java 为主。本书以 Python 为基础语言对 UI 自动化测试进行讲解,包括 App 自动化测试部分。

2.1 Python 的安装及配置

2.1.1 Python 优势

1. 简单易学

Python 语言容易学习,特别是对于那些没有编程基础的初学者而言。Python 是一门脚本语言,在代码编写及运行过程中所见即所得,不需要编译,从而减少出错的机会,可以在很短的时间内学会并在工作应用,例如本篇所要学习的与 Web 自动化测试相关的内容。

2. 完善的代码库

Python 提供了非常完善的基础代码库,覆盖了网络、文件、GUI、数据库、文本等大量内容。用 Python 编写自动化测试脚本,很多基础功能不必再次开发,可以直接使用基础代码库。

3. 丰富的第三方工具

本篇重点学习的 Selenium 也是一个第三方工具。它提供基于 Python 和基于 Java 两个版本。目前最流行的是基于 Python 版的。一方面得益于 Python 本身的简单易学,另一方面也得益于 Python 版本众多第三方工具的支持。

4. 多语言兼容

Python 可以兼容大多数平台,被戏称为"胶水语言"。Python 在自身脚本的运行过程中,可以嵌入其他脚本语言。例如 JavaScript 就可以被内嵌进 Python 脚本。后面自动化 API 讲解的过程中会涉及此方面的内容。

2.1.2　Python 的安装

Python 的安装软件可以从 Python 官方网站 https://www.python.org/进行下载，如图 2.1 所示。

图 2.1　Python 官方下载页面

下载完成后，运行下载好的软件。弹出软件安装界面，如图 2.2 所示。单击 Install Now 便可进行安装。

图 2.2　Python 安装界面

若需要更改安装路径，可单击 Browse 按钮，选择安装路径即可。注意，安装路径中尽量不要出现中文目录。此处可以选择默认路径进行安装，如图 2.3 所示。

图 2.3 更改安装路径

2.1.3 Python 的配置

安装完成后,需要将 Python 配置进环境变量。图 2.2 中复选框 Add Python 3.8 to PATH 选项在默认安装过程中没有被勾选。Python 在此处提供的自动配置环境变量功能无法实现完整配置,因此需选择手工进行配置。选择"计算机"右击菜单→属性→高级系统设置→环境变量→系统变量,在环境变量 Path 中添加以下内容:

变量名:Path

变量值:C:\Program Files(x86)\Python38-32\

　　　　C:\Program Files(x86)\Python38-32\Scripts\

其中第一条变量值用于配置 Python 程序本身可运行,第二条变量值用于确保 Python 程序自带软件安装升级工具的可运行。

配置完成之后,在 Windows 命令提示符下输入 python 并按回车键,验证 Python 的运行。若出现如图 2.4 所示结果,则表明 Python 配置成功。

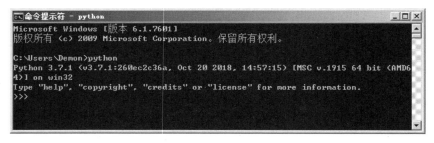

图 2.4 Python 配置验证

输入 quit()并按回车键,便可退回到命令提示符状态下。再次输入 pip 命令并按回车键,若出现如图 2.5 所示信息,则表明 Python 安装升级工具配置成功。

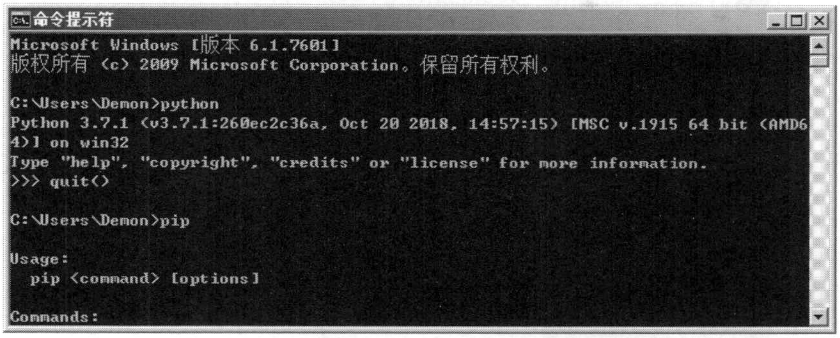

图 2.5　Python Script 配置验证

2.2　PyCharm 的安装及配置

PyCharm 是目前最流行的 Python IDE,带有一整套可以帮助用户使用 Python 语言进行开发时提高效率的工具。例如调试、语法高亮、代码跳转、Project 管理等。此外,PyCharm 还提供了一些高级功能,以用于支持专业的 Web 开发。PyCharm 的安装软件可以从 PyCharm 官网下载 https://www.jetbrains.com/PyCharm/download/,进入网页,可以看到如图 2.6 所示页面,单击图中 Download 按钮即可进行免费版软件下载。

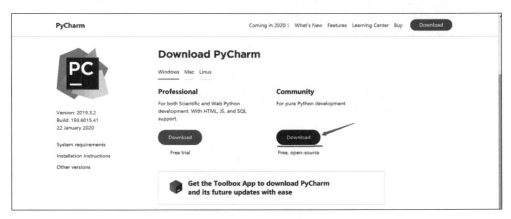

图 2.6　PyCharm 下载页面

下载安装软件后,运行安装程序进行软件安装,如图 2.7 所示。

单击 Next 按钮,出现如图 2.8 所示的更改软件安装路径界面。若需要更改安装路径,则可单击 Browse 按钮,选择安装路径即可。

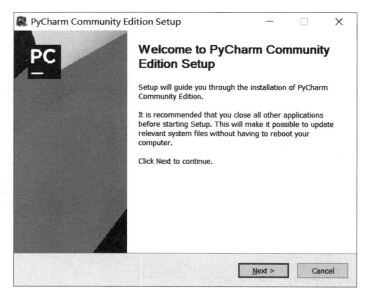

图 2.7　安装 PyCharm

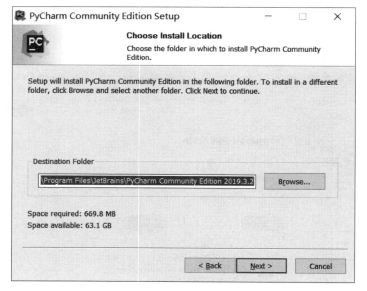

图 2.8　更改安装路径

安装路径更改完之后，单击 Next 按钮，便可得到如图 2.9 所示界面。所有复选框默认未勾选，需手动勾选。根据自己的操作系统选择 32 位或 64 位版本。

面板中复选项释义如下，可根据自己的需要有选择性地勾选。

（1）在 Create Desktop Shortcut 下勾选 64-bit launcher：创建桌面快捷方式。

（2）在 Update PATH variable（restart needed）下勾选 Add launchers dir to the PATH：将启动程序添加入 PATH 环境变量。

（3）在 Update context menu 下勾选 Add "Open Folder as Project"：在右击菜单中添加"将打开的文件夹添加为项目"功能。

（4）在 Create Associations 下勾选 .py，创建 py 文件关联。

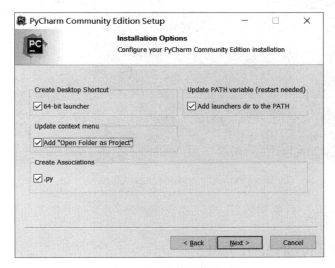

图 2.9　选择各安装选项

单击 Next 按钮进入下一安装页面，单击 Install 按钮，便可开始安装 PyCharm 软件。

待安装完成后会得到如图 2.10 所示的安装成功界面。选择第一个选项 Reboot now，单击 Finish 按钮完成安装并重启操作系统。

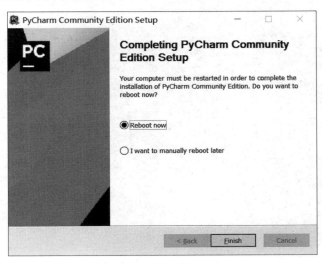

图 2.10　安装完成

系统重启完成后，可从计算机桌面双击 PyCharm Community Edition 2019.3.2 x64 图标启动软件，出现如图 2.11 所示 PyCharm 主界面。

图 2.11　PyCharm 启动界面

由于 PyCharm 是一款收费软件，若经济条件允许，请支持并购买正版软件。

2.3　第一个 PyCharm 项目

2.3.1　PyCharm 项目创建

单击菜单栏 File 菜单中的 New Project 选项，打开新建项目窗口，如图 2.12 所示。

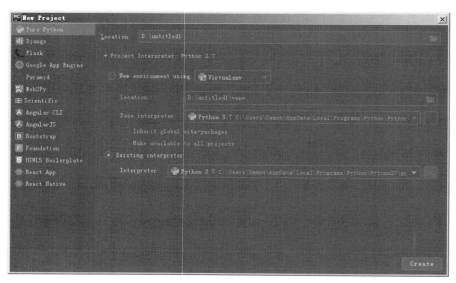

图 2.12　PyCharm 项目创建界面

在左侧选项中选择 Pure Python 选项,展开图 2.12 右侧新建项目参数面板。

Location:项目保存路径及项目名称,最后一层路径为项目名称,默认示例项目名称为 untitled1。

Project Interpreter:项目解释器,提供两种项目脚本运行解释环境:New environment using 和 Existing interpreter。

① New environment using:使用新环境,有 3 种环境创建方式。默认为 Virtualenv 方式,即虚拟环境。在项目下新建一个 venv 目录,将 Python 脚本运行所必要的程序文件和 API 库文件复制一份到里面。此种方式的优点是项目自带运行环境,可针对特定项目进行定制,不影响其他项目运行。其缺点是使用 pip 进行第三方工具和扩展库的实时更新和安装不会自动同步到这里。

② Existing interpreter:已存在的解释器。默认路径指向 Python 安装路径。使用 pip 进行安装和更新的内容可以同步使用。本书项目默认为此种创建方式。

单击 Create 按钮完成创建,此时会弹出项目打开方式选择界面,如图 2.13 所示。

PyCharm 为新项目的打开提供两种方式:分别是 Open in new window(在新窗口打开)和 Open in current window(在当前窗口打开)。为项目管理方便,建议使用 Open in current window。单击 OK 按钮完成项目创建。右侧导航面板会显示新建项目。

图 2.13 项目打开方式选择界面

2.3.2 Python 脚本创建

在新建项目上右击菜单并选择 New→Python File 选项,弹出 Python 脚本新建对话框,如图 2.14 所示。

输入文件名称,单击 OK 按钮完成创建。

创建项目时需要注意几种情况。

(1) 在 PyCharm 中创建的脚本名不要与项目同名。

(2) 同级目录下脚本名称不能重复。

(3) 脚本名称大小写不敏感。

使用测试脚本进行测试,代码如下:

图 2.14 新建 Python 文件界面

```
#第 2 章/checkTel.py
/******本示例实现对手机号进行电信运营商及有效内容判断*****/
tel = input('请输入需要查询的手机号:')
if len(tel) == 11:
```

```
        if tel.isdigit():
            if tel.startswith('139') or tel.startswith('187'):
                print('中国移动')
            elif tel.startswith('156') or tel.startswith('177'):
                print('中国联通')
            else:
                print('中国电信')
        else:
            print('你的手机号有非法字符!')
    else:
        print('你的手机位数不对!')
```

2.3.3 运行脚本

运行代码 checkTel.py,在下方控制台输入手机号并回车后,结果如图 2.15 所示。

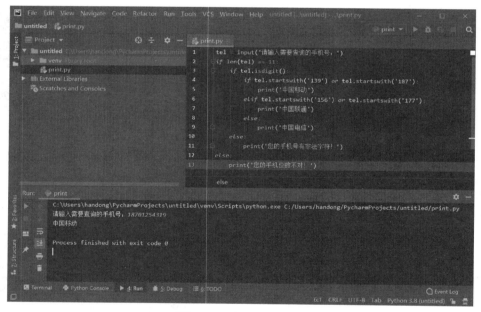

图 2.15 脚本运行结果

至此,环境就配置结束了。

2.4 PyCharm 的常用配置

2.4.1 设置 Python 自动引入包

单击菜单栏 File 菜单中的 Settings 选项,弹出 Settings 对话框,选择 Editor→General→

Auto Import,勾选 Python 下的 Show import popup 复选项,单击 Apply 按钮即可设置成功,如图 2.16 所示。

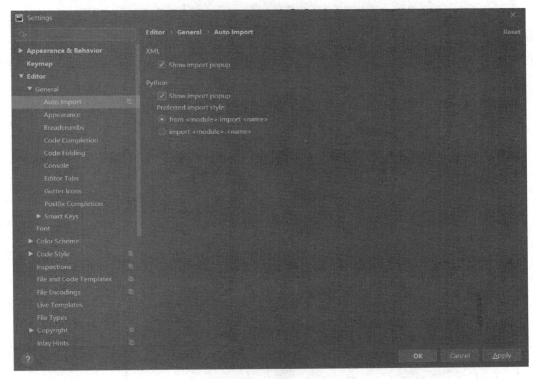

图 2.16　设置 Python 自动引入包

2.4.2　设置"代码自动完成"时间延迟

单击菜单栏 File 菜单中的 Settings 选项,弹出 Settings 对话框,选择 Editor→General→Code Completion,勾选 Show the documentation popup in:500ms 复选框,设置文件延迟时间,勾选 Show the parameter info popup in:1000ms 复选框,设置参数延迟时间,可手动修改延迟时间后,单击 Apply 按钮即可设置成功。

2.4.3　设置编辑器"颜色与字体"主题

单击菜单栏 File 菜单中的 Settings 选项,弹出 Settings 对话框,如图 2.17 所示。选择 Editor→Color Scheme,在 Scheme 下拉列表选择栏选择编辑器颜色主题,单击 Apply 按钮即可完成设置,如图 2.18 所示。

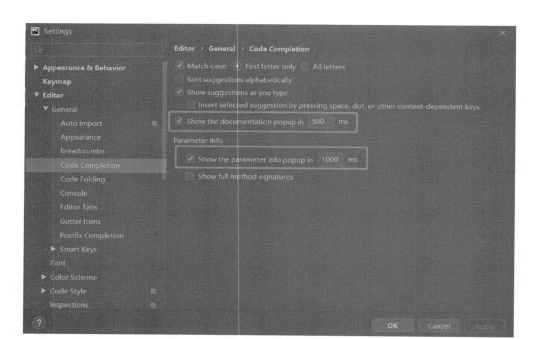

图 2.17　设置代码自动完成时间延迟

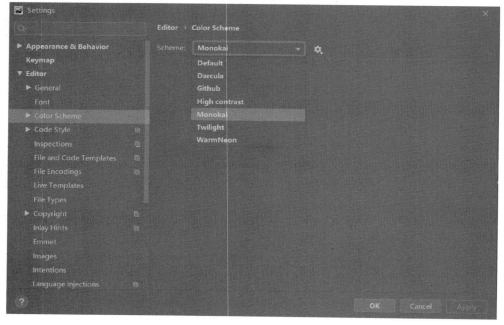

图 2.18　设置编辑器颜色主题

单击菜单栏 File 菜单中的 Settings 选项，弹出 Settings 对话框，选择 Editor→Font，在 Font 下拉列表中选择字体，在 Size 文本框中输入字号大小，单击 Apply 按钮即可完成设置代码字体大小，如图 2.19 所示。

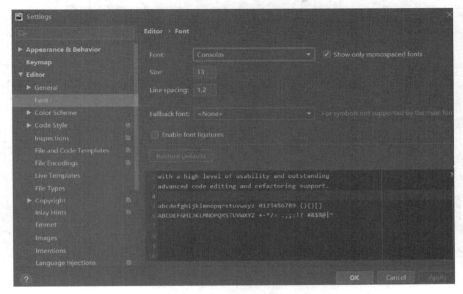

图 2.19　代码字体与字号设置

2.4.4　设置缩进符为制表符 Tab

单击菜单栏 File 菜单中的 Settings 选项，弹出 Settings 对话框，选择 Editor→Code Style→Python，勾选 Use tab character 复选框，Tab size 文本框可设置使用制表符 Tab 缩进字符数，设置完成后单击 Apply 按钮即可设置成功，如图 2.20 所示。

2.4.5　设置 Python 文件默认编码

单击菜单栏 File 菜单中的 Settings 选项，弹出 Settings 对话框，选择 Editor→File Encodings，在 Global Encoding 与 Project Encoding 中可选择 Python 文件的默认编码，一般使用中文字符编码 UFT-8，如图 2.21 所示。

2.4.6　设置代码断点调试

创建一个 Python 文件，编写脚本代码，若对脚本进行调试，则需要添加断点，PyCharm 工具设置断点只需要在代码前行号后用鼠标左键单击一次，添加断点后，在代码上右击选择"Debug 文件名"选项即可运行脚本，运行到断点处便会停止脚本运行，单击 Resume Program 按钮或快捷键 F9 即可继续运行脚本，如图 2.22 所示。

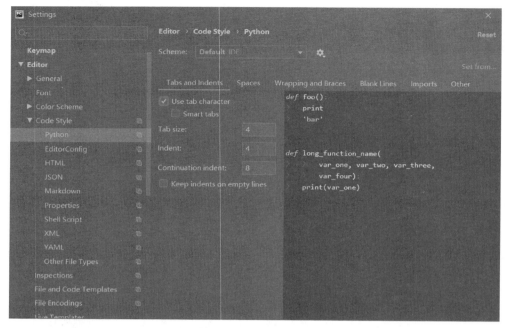

图 2.20　设置缩进符为制表符 Tab

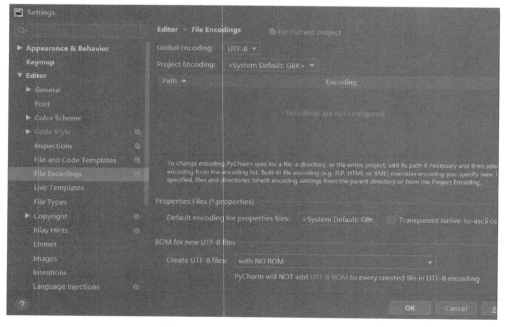

图 2.21　Python 文件默认编码设置

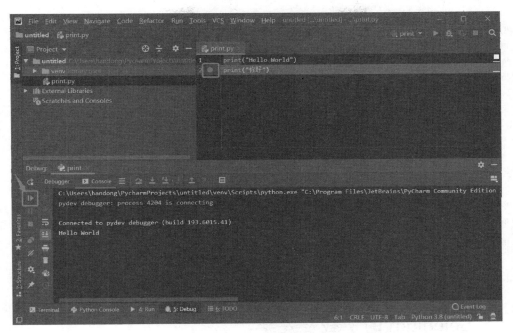

图 2.22 代码断点调试

第 3 章 Selenium 及浏览器驱动的安装配置

Selenium 是一款用于 Web 应用程序 UI 自动化测试的首选工具。本书第 1 章已经详细介绍过 Selenium 在运行自动化测试用例时的优势。与接口自动化相比，它更贴近真实用户使用场景，在 UI 层自动化测试上具有不可替代的作用。

本章主要内容分为两部分，Selenium 的下载与安装及主流浏览器驱动的下载与调试。这是 Web 篇环境准备的最后一部分内容。

3.1 Selenium 的下载及安装

获取 Selenium 的最新特性，首选方式还是在 Selenium 官网下载相关文档进行新特性的了解与使用。Selenium 官网网址是 https://www.seleniumhp.dev，如图 3.1 所示。

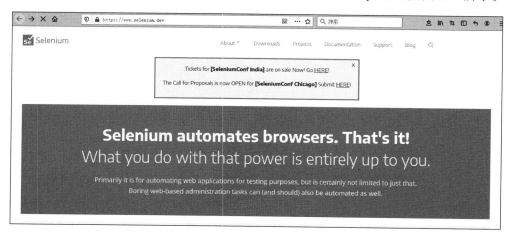

图 3.1 Selenium 官网首页

从 Selenium 官网可以看到目前 Selenium 体系的三大组成部分 Selenium WebDriver、Selenium IDE 和 Selenium Grid，如图 3.2 所示。

本章需要安装配置的是 Selenium WebDriver 组件，基于 Web 自动化测试的后续学习也是围绕着这一部分展开的。Selenium IDE 在早期是以 FireFox 窗口插件形式出现的。其

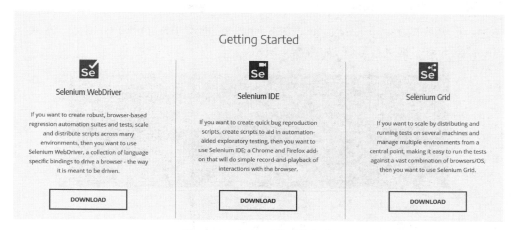

图 3.2　Selenium 体系的组成

主要功能是配合 FireFox 及 Chrome 浏览器完成脚本录制与回放操作，以及简单用例的管理与断言的实现。本书不再进行 Selenium IDE 相关功能的展示与讲解。Selenium Grid 属于 Selenium 脚本运行时的一个多机并发架构实现，属于 Selenium 在使用过程中实现较为复杂的部分，相关安装配置与使用会在本书最后一章进行讲解。

3.1.1　Selenium 在线安装

Selenium 最常用的安装方式为在线安装。第 2 章 Python 配置过程中已将 Scripts 目录配置进系统环境变量，在此基础上就可以进行在线安装了。

1. 安装

打开命令提示行工具，输入 pip install selenium 命令，按下回车键进行安装，如图 3.3 所示。

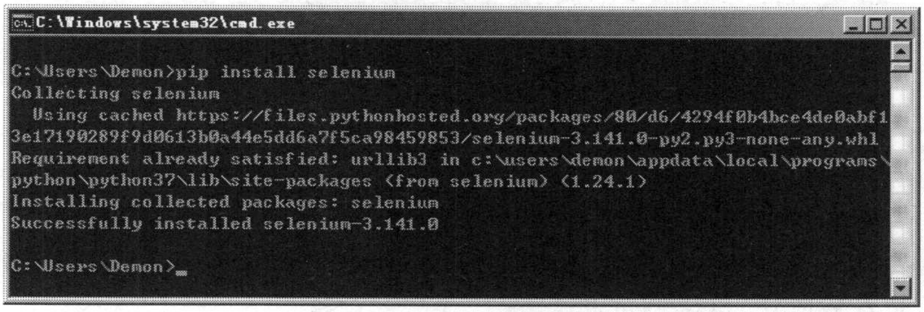

图 3.3　Selenium 在线安装

少数情况下会出现安装失败提示。通常操作系统是 Windows 10 的时候有可能出现这种情况。这是因为 Windows 10 对 pip 命令的支持出现异常，此时用 pip3 命令进行安装就可以了。方法和上面所示 pip 的使用方法一样。

2. 验证

安装成功后输入 python 命令，按下回车键进入 Python 命令模式，输入 import selenium，按下回车键进行验证，如图 3.4 所示。

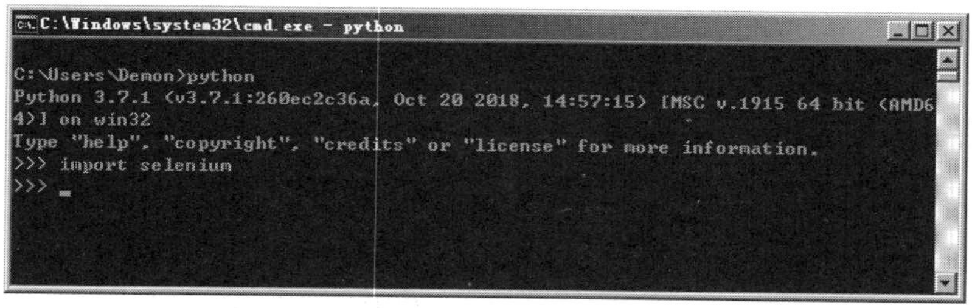

图 3.4 Selenium 验证

如果没有任何提示，就说明 import 导入 Selenium 包成功了，在线安装完成。

3. 指定版本安装

这种操作在实际工作环境中比较少见。常见的情况是在已经配置好的脚本框架中用到了某个版本的某些属性方法，而这些属性方法在新版本中被移除了，脚本修改起来又比较有难度，这时会考虑将 Selenium 进行降级安装。这种情况只涉及降级，因为在写一个脚本时不太可能用到未来 Selenium 版本的功能。在命令提示符窗口中输入 pip install selenium==<指定版本号>后回车进行降级安装，如图 3.5 所示。

图 3.5 Selenium 降级安装

3.1.2 Selenium 离线安装

还有一种更不常见的情况，就是所有在线安装方式都无法完成 Selenium 的安装。这种情况通常也出自 Windows 10 操作系统下，这时就需要使用离线安装模式了。如果你的 Selenium 已经安装成功，可以跳过此节。

首先需要在 Selenium 官网找到离线文件的下载位置。如果查找不方便，则可以输入 https://pypi.org/project/selenium/#files 直接定位到离线文件的位置，如图 3.6 所示。

在页面中选择 selenium-3.141.0.tar.gz 文件进行保存，然后解压文件。打开命令提示符窗口，进入解压后的目录。输入 pip setup.py install 命令按下回车键进行安装，如图 3.7 所示。

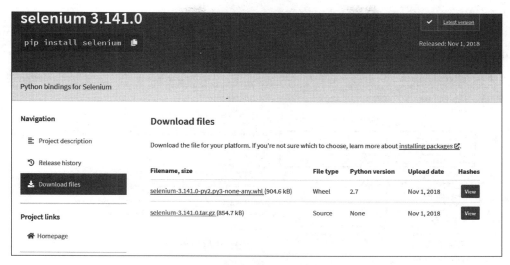

图 3.6　Selenium 离线文件下载

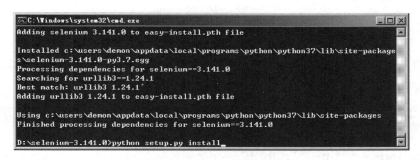

图 3.7　Selenium 离线安装

图 3.7 所示结果为命令方式离线安装后的结果。安装完成后，使用 3.1.1 节的方法验证安装的正确性。

3.2　基于 FireFox 浏览器的驱动配置

Selenium 最早是作为 FireFox 浏览器的一个插件出现的，早期版本中的很多功能只能在 FireFox 浏览器中实现。例如早期的脚本录制插件 Selenium IDE，最初只支持在 FireFox 下安装和使用。随着 UI 自动化测试在 Web 端的普及，Selenium 对其他浏览器的功能支持也日趋完善。

3.2.1　GeckoDriver 驱动配置的下载与配置

基于 FireFox 浏览器的 GeckoDriver 驱动与浏览器的版本向上兼容性较差。随着浏览器版本的升级，常常会出现驱动失效的现象，因此需要有一个能够及时查找最新驱动的地方。

推荐一个好用的资源类网站,阿里云开发者社区中的镜像站。访问网址 https://npm.taobao.org/mirrors,如图 3.8 所示。

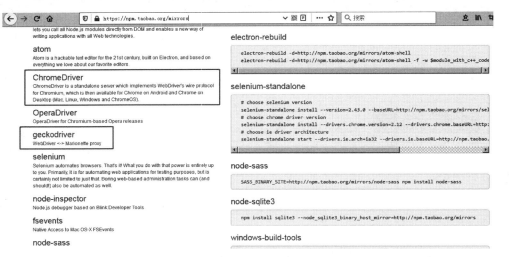

图 3.8 NPM 镜像站

在此处可以找到最新的 FireFox 浏览器和 Chrome 浏览器驱动文件,也可以到官网进行下载。单击图 3.8 中的 geckodriver,进入驱动下载页,如图 3.9 所示。

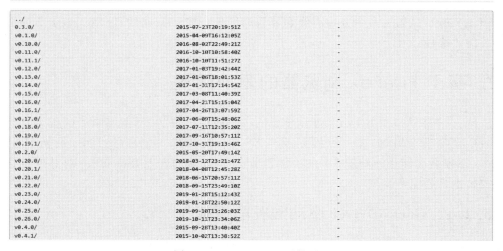

图 3.9 GeckoDriver 下载页面

找到最新的驱动版本,进入版本子目录,选择适合自己操作系统的版本进行下载。这里笔者选择了 geckodriver-v0.26.0-win64.zip 进行下载。下载完成后将文件解压并放入 Python 安装主目录的 Scripts 文件夹下即可。

3.2.2 调用 FireFox 驱动测试

配置完成后,编写一段代码对配置驱动进行验证。此处验证有两个目的:一是验证浏览器与驱动版本是否匹配;二是验证 Selenium 安装是否正确。如果没有特殊情况,则后面几节的驱动验证不再进行说明,代码如下:

```
#第3章/FirefoxDriverTest.py
#引入 selenium 包
from selenium import webdriver

#声明驱动对象并打开 FireFox 浏览器
driver = webdriver.Firefox()

#打开百度首页
driver.get('http://www.baidu.com/')
sleep(2) #暂停两秒

#关闭驱动及 FireFox 浏览器
driver.quit()
```

3.3 基于 Chrome 浏览器的驱动配置

Chrome 是一款由谷歌公司开发的网页浏览器。虽然现在国内不支持 Google 搜索引擎和它配套的应用商店功能,但作为浏览器本身的优点,其运行速度快、加载页面内容迅速,至今仍是 Web 架构软件运行浏览器的首选。

3.3.1 ChromeDriver 驱动配置的下载与配置

Chrome 浏览器和 FireFox 浏览器相仿,版本更新比较频繁。ChromeDriver 的优点是对浏览器版本兼容性比较好,一般不会存在版本兼容问题,从而导致无法调用浏览器的情况。ChromeDriver 驱动下载的网址见 3.2.2 节中的阿里云开发者社区镜像站,如图 3.10 所示。

页面中的版本在后期是与浏览器版本一一对应的,驱动更新速度快,通常会与浏览器同步升级。读者可以在这里找到与你所用 Chrome 浏览器版本相近的驱动进行下载。下载完成后解压并放至 Python 主目录下的 Scripts 目录下即可。

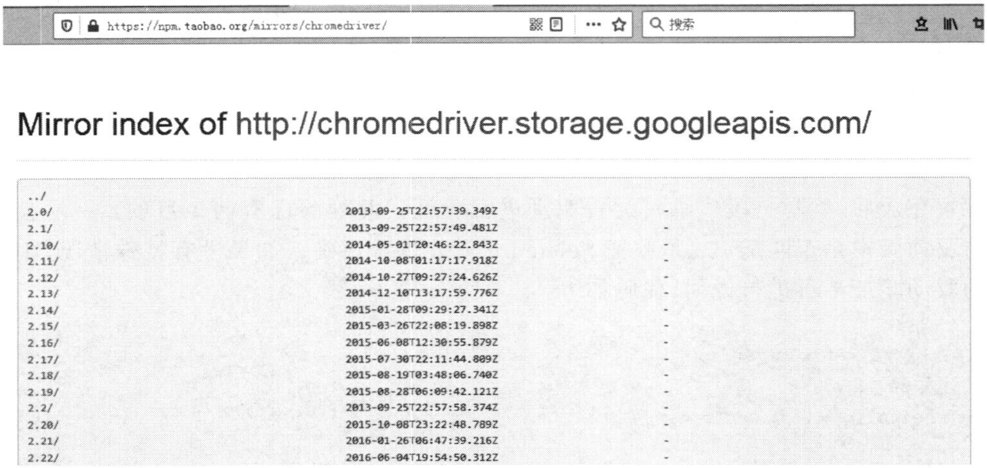

图 3.10　ChromeDriver 下载页面

3.3.2　调用 Chrome 驱动测试

调用 Chrome 驱动浏览器,代码如下:

```
#第3章/ChromeDriverTest.py
#引入 selenium 包
from selenium import webdriver

#声明驱动对象并打开 Chrome 浏览器
driver = webdriver.Chrome()

#打开百度首页
driver.get('http://www.baidu.com/')
sleep(2)  #暂停两秒

#关闭驱动及 Chrome 浏览器
driver.quit()
```

3.4　基于 IE 浏览器的驱动配置

　　IE 是一款在 Web 软件领域使用最久的浏览器。微软将在 2020 年 1 月结束对 IE 10 的支持,IE 11 将会成为 IE 浏览器的最后一次更新。大多数网站在开发过程中会对 IE 浏览器的兼容性进行测试。IE 浏览器的 Trident 内核至今仍被很多国内主流浏览器所支持,因此对 IE 浏览器的 UI 层测试,在最近几年内仍将持续进行。

3.4.1 IEDriverServer 驱动配置的下载与配置

目前微软官网已不提供 IEDriverServer 的下载，前面推荐的镜像站里也没有相关驱动。这里分享一个资源链接 http://selenium-release.storage.googleapis.com/index.html，如图 3.11 所示。在这个资源网站中可以找到支持 Selenium 的各种 IEDriverServer 版本，可根据实际情况选择相关驱动版本。

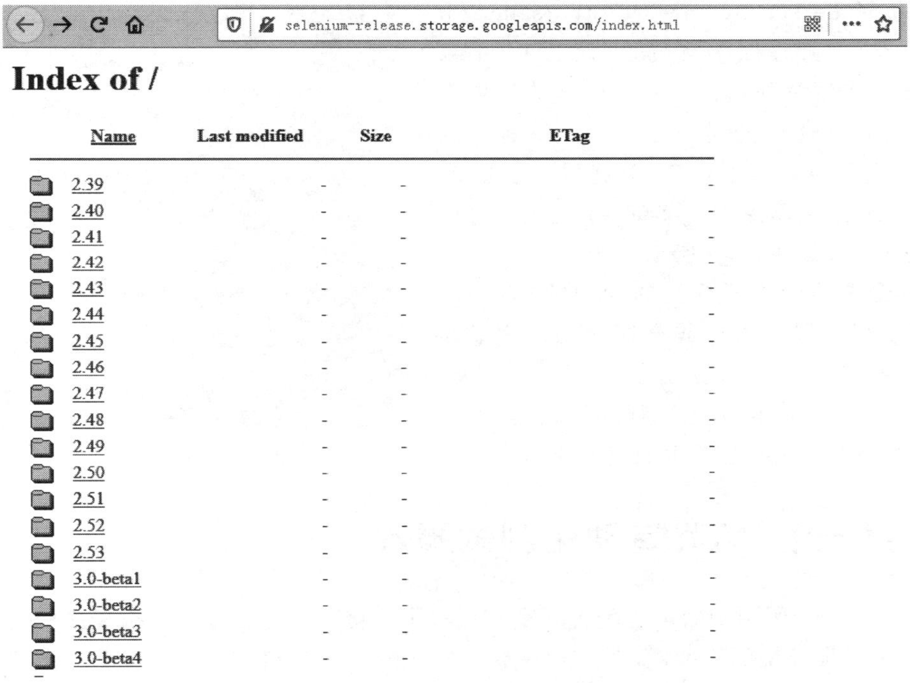

图 3.11　IEDriverServer 下载页面

3.4.2 调用 IE 驱动测试

调用 IE 驱动浏览器，代码如下：

```python
# 第 3 章/IEDriverTest.py
# 引入 selenium 包
from selenium import webdriver

# 声明驱动对象并打开 IE 浏览器
driver = webdriver.Ie()

# 打开百度首页
driver.get('http://www.baidu.com/')
```

```
sleep(2)  # 暂停两秒

# 关闭驱动及 IE 浏览器
driver.quit()
```

在运行这段代码的时候，有时会报 Unexpected error launching Internet Explorer. Protected Mode settings are not the same for all zones 错误，翻译成中文就是"启动 Internet Explorer 时出现意外错误。所有区域的保护模式设置不同"。这个错误和 3.4.1 节配置的驱动没有什么关联，主要是 IE 浏览器设置的问题。打开 IE 浏览器→工具菜单→Internet 选项→安全选项卡，如图 3.12 所示。

将安全选项卡中所标注的四项的"启动保护模式"全部设置为失选或全选状态。这里要求 4 个选项必须统一。选择完成后，单击"确定"按钮保存更改。再次运行测试代码，就可以正常调用及运行 IE 浏览器并打开百度首页了。

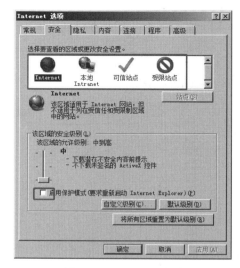

图 3.12 Internet 选项

3.5 第一个 Web 自动化测试脚本

至此，Web 篇所用到的环境配置就全部完成了。接下来需要设计一个操作较为复杂的脚本实例来验证环境的正确性，在正式开始对 Selenium 进行讲解之前来感受一下用例自动化的过程。前面调试了三款主流浏览器驱动，在后续章节里，将以 Chrome 浏览器为主进行相关知识的讲解。有特殊情况需要换驱动操作的会进行特别说明。

下面根据自动化测试脚本的流程设计一段代码。代码中所涉及细节在后面章节会进行讲解，此处只针对流程本身进行讲解。在正式开始学习自动化测试知识前，先进行一次感性接触。

1. 手工用例准备

所有的自动化测试用例最早都来源于手工用例。多数情况下，UI 自动化测试用来做回归，因此可以直接把手工用例中的正向用例部分直接转换成自动化测试脚本。本次被测网站使用百度新闻网页进行验证。

【例 3.1】 百度新闻搜索测试。

步骤 1：
（1）打开百度新闻首页。
（2）在打开的页面上单击热点新闻。

(3) 关闭热点新闻页面。
(4) 在百度新闻搜索框中输入新闻内容,单击"搜索"按钮。
步骤2:热点新闻在新页面打开,内容与标题一致。
在这个最基本的手工测试用例中只对步骤2做预期判断。

2. 自动化脚本

自动化测试脚本实现过程如下:
(1) 调用驱动,打开Chrome浏览器。
(2) 输入网址,打开百度新闻网站。
(3) 单击热点新闻第一条,对弹出热点新闻做结果判断。
(4) 关闭热点新闻页面。
(5) 在百度新闻搜索框中输入关键字进行搜索。
(6) 对最终搜索内容做结果判断。
将上述内容用Python脚本实现,代码如下:

```python
#第3章/TestBaiDuNews.py
from selenium import webdriver
from time import sleep

driver = webdriver.Chrome()
driver.get('http://news.baidu.com/')

#单击当天热点新闻
sleep(1)
driver.find_element_by_xpath('//*[@id="pane-news"]/div/ul/li[1]/strong/a[1]').click()

#切换句柄
search_Windows = driver.current_window_handle
all_handles = driver.window_handles
for handle in all_handles:
    if handle != search_Windows:
        driver.switch_to.window(handle)

#结果判断,''内根据当时热点新闻关键字进行修改
assert '' in driver.title

#关闭当前页
sleep(1)
driver.close()

#切换句柄
for handle in all_handles:
```

```
        if handle == search_Windows:
            driver.switch_to.window(handle)

#关键字搜索
sleep(1)
driver.find_element_by_xpath('//*[@id="ww"]').send_keys('吴哥窟')
sleep(1)
driver.find_element_by_xpath('//*[@id="s_btn_wr"]').click()
sleep(2)

#搜索结果判断
assert '吴哥窟' in driver.page_source
driver.quit()
```

3. 运行结果

代码 TestBaiDuNews.py 中加入了大量等待时间，方便读者查看每一步操作的结果。此处就不放置运行结果图了，热点新闻每天都会有所变化。

第 4 章 页面元素定位的 8 种方法

元素定位是 UI 自动化测试中避不开的一项必备知识。Selenium 4.0 版出现以后，关于元素定位这一部分内容没有出现什么变化。Selenium 随着版本的升级，共出现过两类定位方法，分别是 2.X 版本时代的老版定位方法 find_element 和 3.X 版本时代的 find_element_by。在实际使用过程中，两种定位方法各有侧重。本章开头部分会对比讲解两种方法的使用实境。根据定位目的不同，定位方法也可以分为两类：分别是 find_element_by 和 find_elements_by，前一个用于定位页面中唯一的元素，后一个用于定位符合条件的一组元素。

想要学好 UI 自动化测试，首先需要从元素定位开始学习。

4.1 元素定位的重要性

如果把 UI 自动化测试最终的成果比作高楼，那么元素定位就是地基。如果无法有效解决元素定位问题，那么之后要展开学习的 API 技巧、框架、持续集成技术便是空中楼阁。最初元素定位由 FireFox 浏览器下的两款插件 FireBug 和 FirePath 配合完成，之后几款主流浏览器陆续有了元素定位功能。

4.2 Selenium 元素定位方法分类

本章开始部分提到过，Selenium 元素定位方法有新旧两种，下面就两种方法进行解析。在本书后面对定位方法进行讲解时，重点讲解新版元素定位方法。

元素定位时使用到的工具取决于你所使用的浏览器。每种浏览器都自带 F12 开发者模式。以 Chrome 浏览器为例，打开百度首页，按下 F12 键即可调出开发者模式，如图 4.1 所示。

调出开发者模式后选中 Element 选项卡，单击图 4.1 左侧所示箭头，然后在页面中单击想要定位的操作元素，即可在 Element 选项卡中定位操作元素在页面代码中的位置，效图如图 4.2 所示。

图 4.1　Chrome 开发者模式

图 4.2　定位元素位置

从图 4.2 可以看到,页面中"百度一下"按钮对应的页面脚本被加亮显示出来,这为下一步操作做好了准备工作。

4.2.1　新版本定位方法

新版 Selenium 元素定位方法共分为两类:单元素定位、多元素定位。每类下面各有 8 种定位方法。

1. 单元素定位的 8 种方法

（1）find_element_by_id()　　♯通过元素 id 定位。

（2）find_element_by_name()　　♯通过元素 name 定位。

(3) find_element_by_class_name()　#通过元素 class 定位。

(4) find_element_by_tag_name()　#通过标签 tag 名称定位。

(5) find_element_by_link_text()　#超链接定位。

(6) find_element_by_partial_link_text()　#超链接模糊定位。

(7) find_element_by_xpath()　#XPath 定位。

(8) find_element_by_css_selector()　#css 定位。

2．多元素定位的 8 种方法

(1) find_elements_by_id()　#通过元素 id 定位。

(2) find_elements_by_name()　#通过元素 name 定位。

(3) find_elements_by_class_name()　#通过元素 class 定位。

(4) find_elements_by_tag_name()　#通过标签 tag 名称定位。

(5) find_elements_by_link_text()　#超链接定位。

(6) find_elements_by_partial_link_text()　#超链接模糊定位。

(7) find_elements_by_xpath()　#XPath 定位。

(8) find_elements_by_css_selector()　#css 定位。

两类定位方法最大的差别在于，单元素定位方法定位到元素后可直接进行单击、输入等操作。多元素定位方法定位到元素后将元素以列表形式存储，需要先取值，然后进行和单元素一样的单击、输入等操作。

4.2.2　老版本定位方法

老版本 Selenium 元素定位方式只有两种：find_element()单元素属性定位和 find_elements()多元素属性定位。

和新版定位方法不同的是，这两种定位方法的实参不仅仅是所定位元素值本身。实参由两部分构成：第一部分是定位类型；第二部分是定位元素类型的值。这类方法在基于 Python 的 Selenium 新版脚本中很少用到，在基于 Java 的 Selenium 脚本中仍在使用。鉴于在 UI 自动化框架设计中，这两种老版定位方法仍有使用价值，本章会在元素定位方法的选择一节具体讲解它们的使用方法。

4.3　6 种基本元素定位方法的实现

6 种基本元素定位方法有一个共性，就是它们在脚本中的特性是唯一的。也可把它们称为简单元素定位方法。这 6 种定位方法为后面两种复合元素定位方法打下基础，是复合元素定位不可或缺的一部分。6 种方法可分为三类：第一类利用属性值进行元素定位；第二类利用超链接文字进行元素定位；第三类利用 html 标记进行元素定位。

4.3.1　ID 定位

ID 定位是所有元素定位方法中最常用的一种,是页面元素最常附着的 3 种属性之一。其属性决定了它在页面中唯一的可能性很高,因此用 ID 值实现页面元素定位的成功率高。前端开发在维护页面内容时很少会改动元素 ID 值,这为脚本的可持续使用带来便利,在更新及维护自动化脚本时不用增加额外工作量。

功能实现以百度首页完成网页关键字搜索为例,代码如下:

```python
#第 4 章/location_id.py
from selenium import webdriver
from time import sleep

driver = webdriver.Chrome()
driver.get('http://www.baidu.com/')

#查找百度首页搜索输入框元素 ID 值,定位后输入搜索内容
driver.find_element_by_id('kw').send_keys('网易云思课帮')
sleep(2)
#查找百度首页搜索输入框右侧的"百度一下"按钮元素 ID 值,单击进行搜索
driver.find_element_by_id('su').click()

sleep(2)
driver.quit()
```

4.3.2　NAME 定位

NAME 定位与 ID 定位类似,以百度首页为例,在首页中要定位搜索框和按钮的 NAME 属性值与 ID 属性值相同。当页面中需要定位元素拥有 NAME 属性值,且属性值在页面中唯一时,可以选用 NAME 定位方法。

功能实现以百度首页完成网页关键字搜索为例,代码如下:

```python
#第 4 章/location_name.py
from selenium import webdriver
from time import sleep

driver = webdriver.Chrome()
driver.get('http://www.baidu.com/')

#查找百度首页搜索输入框元素 NAME 值,定位后输入搜索内容
driver.find_element_by_name('wd').send_keys('网易云思课帮')
sleep(2)
#由于"百度一下"按钮元素没有 NAME 值,因此以 ID 值完成定位
```

```
driver.find_element_by_id('su').click()
sleep(2)
driver.quit()
```

4.3.3 CLASS 定位

CLASS 定位是仅次于 ID 定位的另一种常用元素定位方式。很多时候前端页面元素为了后端代码调用方便，会将 CLASS 属性名与实现功能贴近，这就让它在页面中的唯一性概率大大增加。以上这 3 种属性值定位方式在实际自动化脚本设计时单独出现的频率并不高，主要作为后续复合元素定位的一部分出现。

功能实现以百度首页完成网页关键字搜索为例，代码如下：

```
#第 4 章/location_id.py
from selenium import webdriver
from time import sleep

driver = webdriver.Chrome()
driver.get('http://www.baidu.com/')

#查找百度首页搜索输入框元素 CLASS 值,定位后输入搜索内容
driver.find_element_by_class_name('s_ipt').send_keys('网易云思课帮')
sleep(2)
#查找百度首页搜索输入框右侧的"百度一下"按钮元素 CLASS 值,单击进行搜索
driver.find_element_by_class_name('btn self-btn bg s_btn').click()
sleep(2)
driver.quit()
```

运行后会发现代码没有正常完成任务，报错如下：

```
selenium.common.exceptions.InvalidSelectorException: Message: invalid selector: Compound class names not permitted
```

这里需要解释一下前端页面中的 CLASS 属性。通常页面元素属性的值都是唯一的，例如 ID、NAME 属性，只有 CLASS 属性例外。在 HTML 页面中，CLASS 属性可以定义一个或多个属性值。当值为多个时中间以空格分隔。"百度一下"按钮的页面属性值为 btn self-btn bg s_btn，通过查看发现源码中共有 4 个值。由于都是"百度一下"元素的属性，所以只需用其中一个，前提是确保这个值在页面 CLASS 属性中唯一。在代码 location_id.py 中，将这个 CLASS 只保留一个值，例如 s_btn，即可确保代码的顺利执行。在实际代码调试过程中，具体哪个值唯一，需要反复运行及测试才能确定。

4.3.4 TagName 定位

TagName 定位方法在实际元素定位中使用最少，它的定位方式局限性太强。标签名，

顾名思义就是利用页面中标签的名称进行定位。HTML4 共有八十多个标签，最新的 HTML5 中有一百多个标签。这其中在单独一个页面中常用的就更少。页面本身信息量很大，势必会出现大量重复标签，因此，常规页面中很难找到唯一页面标签元素。只在少数特殊标签出现时，TagName 定位方法才有可能被使用。不过一旦出现其使用场景，必定是在各种替代方法中实现过程最简单的，在本书第 6 章实例中会讲解。

功能实现以百度首页输出标签 body 的文本为例，代码如下：

```python
#第 4 章/location_tag_name.py
from selenium import webdriver
from time import sleep

driver = webdriver.Chrome()
driver.get('http://www.baidu.com/')

#查找百度首页 body 标签,定位后输出 body 文本
text = driver.find_element_by_tag_name('body').text
sleep(2)
#将文本变量 text 内容打印出来
print(text)
driver.quit()
```

和预想的结果不一样，最后并没有输出标签 body 下的所有内容。这是因为 text 属性值只能输出 body 标签第一层的所有文本。其下所嵌套标签下的内容是无法被获取的。本实例旨在演示 TagName 定位方法的使用，并没有太多实际应用上的意义。

4.3.5 LinkText 定位

LinkText 定位方法主要针对 HTML 页面下所定义的超链接<a></a>标签中的文本。这种方法要求全文本匹配，也就是<a>标签中的所有文本。如果文本首尾有空格，而定位时被遗漏掉，也会定位失败。LinkText 定位方法在对实际元素定位时，比较适用于页面超链接文字内容重复率低，并且超链接内容变化较少的情况。例如测试一个在线学习类网站，很多课程列表内容很少改变，而列表中每个课程的超链接文字又很少重复，此时 LinkText 定位方法将会是不二之选。

功能实现仍以百度新闻首页为例，完成热点要文首条新闻的单击查看，代码如下：

```python
#第 4 章/location_link_text.py
from selenium import webdriver
from time import sleep

driver = webdriver.Chrome()
driver.get('http://news.baidu.com/')
```

```
#单击位于百度新闻页面右上角的"百度首页"超链接
driver.find_element_by_link_text('百度首页').click()
sleep(2)

driver.quit()
```

4.3.6 PartialLinkText 定位

PartialLinkText 定位方法的使用与 LinkText 方法类似,都是以<a>标签中的内容作为元素定位的依据。不同的是这种方法无须将标签中所有文本都用来定位。PartialLinkText 定位只需超链接文本中的部分关键词。例如百度新闻首页有一条热门新闻"网易云课堂思课帮教育品牌于昨日 22 时 23 分学员突破百万大关",在测试过程中如果选用 LinkText 定位方式很显然不合适。整个新闻页面只有一条与思课帮品牌相关的新闻,这时使用 PartialLinkText 定位方法只需将"思课帮"这一关键字提取出来作为元素定位文本。

功能实现以百度首页完成 hao123 链接跳转为例,代码如下:

```
#第 4 章/location_partial_link_text.py
from selenium import webdriver
from time import sleep

driver = webdriver.Chrome()
driver.get('http://www.baidu.com/')

#单击位于百度首页右上角的"hao123"超链接
driver.find_element_by_partial_link_text('hao').click()
sleep(2)

driver.quit()
```

百度首页超链接文字较少,而文本元素 hao 在整个页面中是唯一的,使用它可轻松完成定位。

4.4 XPath 元素定位方法的实现

XPath 是一种在 XML 文档中定位元素的标记语言,和 HTML 标记语言类似。前面讲解的 6 种基本元素定位方法都是以属性或显式文字为依进行的定位。它们的优点是容易理解,缺点是复杂情况下定位难度较高。XPath 元素定位方法通过多种定位方法,并且还有一套针对模糊定位的辅助函数,可以有效地解决这个问题。

接下来用一段经过简化的百度首页 HTML 标记语言脚本,在这段脚本上讲解 XPath

元素定位常用的两种方法：绝对路径定位和相对路径定位，代码如下：

```html
<!-- 第 4 章/baidu_Demo.html -->
<!DOCTYPE html>
<html>
    <head>
            <title>百度一下,你就知道</title>
    </head>
    <body class="" style="">
        <div id="wrapper">
            <div id="head">
                <div id="s_top_wrap" class="s-top-wrap s-isindex-wrap"></div>
                <div id="u"><a class="toindex" href="/">百度首页</a></div>
                <div id="s-top-left" class="s-top-left s-isindex-wrap">
                    <a href="http://news.baidu.com">新闻</a>
                    <a href="https://www.hao123.com">hao123</a>
                    <a href="http://map.baidu.com">地图</a>
                    <a href="" target="_blank">视频</a>
                    <a href="http://tieba.baidu.com">贴吧</a>
                    <a href="http://xueshu.baidu.com">学术</a>
                </div>
                </div>
                <span class="bg s_ipt_wr quickdelete-wrap">
                <span class="soutu-btn"></span>
                    <input id="kw" name="wd" class="s_ipt">
                </span>
                <span class="bg s_btn_wr">
                    <input type="submit" id="su" value="百度一下" class="bg s_btn">
                </span>
                <div>
            </div>
        </div>
    </body>
</html>
```

4.4.1 绝对路径

所谓绝对路径就是从一个 Web 页面的 HTML 标记开始往下数，直到需要定位的标记元素为止。以代码 baidu_Demo.html 为例，需要定位到 title 标记，那么它的绝对路径为 /html/head/title。当然实际情况是 head 头标记对中的所有元素都是无法定位的，元素定位范围为 body 标记对之间的内容。

绝对路径定位方式对于页面布局经常变化的电商类软件自动化脚本而言是一种灾难，频繁地进行页面布局变更增加了脚本维护的难度。这种元素定位在很长一段时间里一直是 XPath 元素定位最常用的方法，原因有两个：一是早期 FireFox 浏览器插件 FirePath 定位取值时,右击菜单直接复制出来的多数是定位元素的绝对路径,很多初级自动化测试人员最常选用这种方式;二是对于版本变更,并且开发周期长的软件,例如企业 OA、后台管理软件,在自动化脚本元素定位中绝对路径足够用了。

下面看一个 XPath 绝对路径元素定位的例子。百度首页左上角有"新闻"跳转超链接,通过单击来完成百度新闻页面的跳转。在代码 baidu_Demo.html 中确定"新闻"超链接的绝对路径为/htmlbody/div/div/div[3]/a,上下级节点元素之间以"/"进行分隔。其中第 3 个 div 标记后面跟了序号 3,这是元素的索引,和 Python 中列表中的索引相似,只是这里是从 1 开始记数的。当同级出现标记相同的同级元素,且需要经过的元素不在顺序首位时,需要用索引加以区分。同级首位的情况可以忽略序号,代码如下:

```
# 第 4 章/XPath_absolute.py
from selenium import webdriver
from time import sleep

driver = webdriver.Chrome()
driver.get('http://www.baidu.com/')

# 使用 XPath 绝对路径定位百度首页"新闻"超链接项,并单击跳转
text = driver.find_element_by_xpath('/html/body/div/div/div[3]/a').click()
sleep(2)

driver.quit()
```

4.4.2 相对路径

早期 FireFox 浏览器插件 FirePath 定位取值时,右击菜单会出现两个复制选项:一个用于复制长路径,也就是绝对路径;另一个用于复制简单路径,这就是本节要讲解的相对路径。现在的浏览器开发者工具中已经没有这两个选项的区别,只有一项复制 XPath 路径项。复制出来的是根据算法优化出来的路径,可能是相对路径,也可能是绝对路径,并且不保证复制出的路径可用,因此,还是建议各位读者在理解了 XPath 元素定位的原理后,尽量手工编写定位属性代码,这样会更为有效。

相对路径仍以代码 baidu_Demo.html 为例进行讲明。如果要定位百度的 title 标记元素,绝对路径需要写作/html/head/title,而相对路径只需//title。起始元素前面以"//"开始。相对路径定位通常会有以下几种使用情况。

(1) //div   # div 标记对在整个页面中唯一。

(2) //div[@id="text"]   # div 标记不唯一,但 div 所带 id 属性值唯一,在中括号中添加属性说明时,属性前需加@符号。

(3) //*[@id="text"]   # 属性值全页面唯一,"//"后面可不指定属性所属标记,以*代替。

(4) `//div[@id="text"]/input/a` ＃无法直接定位 a 元素,选择离 a 最近的上级可定位元素进行定位,然后以相对路径到达 a 元素,从而完成定位。

(5) `//div[@id="text"]/../a` ＃无法直接定位 a 元素,选择 a 的同级元素进行定位,然后以".."回到上级后再以相对路径到达 a 元素,从而完成定位。

以代码 baidu_Demo.html 百度首页简化页面为例,分别实现上面所列出的相对路径定位方法,代码如下:

```python
＃第 4 章/XPath_relative.py
from selenium import webdriver
from time import sleep

driver = webdriver.Chrome()
driver.get('http://www.baidu.com/')

＃body 标记对在整个页面中唯一,打印 body 文本内容
element = driver.find_element_by_xpath('//body')
print(element.text)

＃百度搜索输入框 input 标记对不唯一,加 id 属性进行唯一性区分
＃注意,当所写属性值遇到多重引号时,可单引号与双引号套用,也可转义内层引号
driver.find_element_by_xpath('//input[@id="kw"]').send_keys('Selenium')
sleep(2)

＃百度搜索输入框 input 标记 id 属性全页面唯一,可以用星号代替标记对
driver.find_element_by_xpath('//*[@id="kw"]').send_keys('Selenium2')
sleep(2)

＃无法定位"新闻"标签所在 a 标记对,可先定位上级 div 标记
driver.find_element_by_xpath('//div[@id="s-top-left"]/a').click()
sleep(2)

＃无法定位"百度一下"按钮,可选定位百度输入框,再间接定位至"百度一下"按钮
driver.find_element_by_xpath('//*[@id="kw"]').send_keys('Selenium2')
＃注意,此行定位仅为简化页面示例定位,运行时需要根据页面实际情况进行调整
driver.find_element_by_xpath('//*[@id="kw"]/../../span[3]/input').click()
sleep(2)

driver.quit()
```

4.4.3 模糊定位

通常情况下,XPath 相对路径定位可以满足自动化测试脚本开发中的需求。在一些安全系数较高的网站中,有很多元素属性是动态发生变化的。无论是手工定位,还是开发者模式中的自动生成 XPath 路径,都无法顺利完成定位,因为它们都是建立在元素属性不发生

变化的基础上的,这时就需要引入定位函数来解决。

以 126 邮箱为例,页面中大量的 id 和 name 属值均为 auto_id_15 开头,如图 4.3 所示。

图 4.3　126 邮箱首页源码片断

待定位元素属性值随页面刷新发生变化。此时需找到属性值中相对不变的部分,例如页面中 iframe 元素的 id 属性为 x-URS-iframe1591607469068.6716,其中 x-URS-iframe 部分为固定值,后面的数字串是可变化部分。由于属性值的变化,本章前面讲到的定位方法此时均失效,因此可以引入模糊定位函数来解决这个定位问题。

1. starts-with 函数

当元素属性值中不变的部分是开头字符串时,可以选用此方法,代码如下:

```python
#第 4 章/XPath_function1.py
from selenium import webdriver
from time import sleep

driver = webdriver.Chrome()
driver.get('http://mail.126.com/')

#使用 XPath 模糊定位函数定位 iframe 元素,再获取元素 src 属性值进行打印验证
element = driver.find_element_by_xpath('//iframe[starts-with(@id,"x-URS-iframe")]')
print(element.get_attribute('src'))
sleep(2)

driver.quit()
```

2. contains 函数

当元素属性值中不变的部分是中间字符串时,可以选用此方法。这种方法并不区分用来定位元素属性值的位置,因此可以替代另外两种模糊定位方法,代码如下:

```python
# 第 4 章/XPath_function2.py
from selenium import webdriver
from time import sleep

driver = webdriver.Chrome()
driver.get('http://mail.126.com/')

# 使用 XPath 模糊定位函数定位 iframe 元素,再获取元素 src 属性值进行打印验证
element = driver.find_element_by_xpath('//iframe[contains (@id," URS - iframe")]')
print(element.get_attribute('src'))
sleep(2)

driver.quit()
```

3. ends-with 函数

当元素属性值中不变的部分是结尾字符串时,可以选用此方法,代码如下:

```python
# 第 4 章/XPath_function3.py
from selenium import webdriver
from time import sleep

driver = webdriver.Chrome()
driver.get('http://mail.126.com/')

# 使用 XPath 模糊定位函数定位 iframe 元素,再获取元素 src 属性值进行打印验证
# 此处定位由于 iframe 元素属性值后半部分是变化的,因此打印内容为空
element = driver.find_element_by_xpath('//iframe[ends - with (@id,"x - URS - iframe")]')
print(element.get_attribute('src'))
sleep(2)

driver.quit()
```

4.4.4 XPath 表达式

除了 4.4.3 节所讲到的 3 种模糊元素定位方法外,所需定位的元素可能出现在页面的任意位置。使用 XPath 元素定位时可以以一种全文搜索的方式完成一些特殊的定位需求。通常将这种方式称为 XPath 表达式。常用表达式有以下几种。

(1) //a[text()="搜狗搜索"]。

(2) //a[.="搜狗搜索"]。

(3) //a[contains(.,"百度")]。

(4) //a[contains(text(),"百度")]。

可以看到上述 4 种定位表达式均为文本搜索，前两种为全文文本检索，后两种是匹配文本检索，在百度首页中分别实现这 4 种定位方法，代码如下：

```python
# 第 4 章/XPath_expression.py
from selenium import webdriver
from time import sleep

driver = webdriver.Chrome()
driver.get('http://www.baidu.com/')

# 使用 XPath 表达式方式获取页面中所有"新闻"文本
# 此方法受限于全文检索,检索不到时会报 no such element 错误
element = driver.find_element_by_xpath('//a[text() = "新闻"]')
print(element.text)
sleep(2)

# 使用 XPath 表达式方式获取页面中所有"新闻"文本
# 此处的.与上面 text()等效
element = driver.find_element_by_xpath('//a[. = "新闻"]')
print(element.text)
sleep(2)

# 使用 XPath 表达式方式获取页面中所有"新闻"文本
# 此处 contains 函数实现部分字段匹配检索,在文本不确定时较为实用
element = driver.find_element_by_xpath('//a[contains(text(),"新闻")]')
print(element.text)
sleep(2)

driver.quit()
```

4.5 CSS 元素定位方法的实现

CSS 全称层叠样式表，是一种用来表现 HTML 或 XML 等文件样式的计算机语言。在 Selenium 中使用到的最后一种元素定位方法是 CSS_Selector，其语法与 XPath 相似。它的优点是定位速度快，定位语法较 XPath 要简洁一些。对于 UI 自动化测试来讲，决定脚本运行速度的因素有很多，例如当目标页面加载内容过多时会导致脚本需要额外设置等待时间。在实际测试过程中，XPath 与 CSS 两种元素定位方法均为首选方法，使用过程中并没有明显差异。

本节以代码 baidu_Demo.html 为例来完成 CSS 定位的示例。

4.5.1　绝对路径

CSS 定位中的绝对路径方式与 XPath 类似，都是从 HTML 标记对开始向下按顺序查找定位元素。差别在于 XPath 路径中上下级以"/"进行分隔，而 CSS 则以">"进行上下级分隔，代码如下：

```python
#第4章/CSS_absolute.py
from selenium import webdriver
from time import sleep

driver = webdriver.Chrome()
driver.get('http://www.baidu.com/')

#使用CSS绝对路径定位百度首页"新闻"超链接项，并单击跳转
text = driver.find_element_by_css_selector('html>body>div>div>div#s-top-left>a').click()
sleep(2)

driver.quit()
```

在代码定位中，除了间隔符号的差别之外，可以看到第 3 个 div 级后面的索引号被改成了#s-top-left，这是此 div 的 id 属性值，如图 4.4 所示。

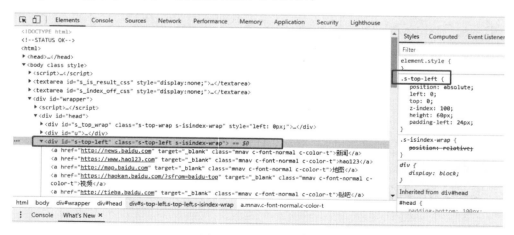

图 4.4　百度首页源码

4.5.2　相对路径

CSS 相对路径定位方法与 XPath 略有差别，主要体现在符号的使用上，其差别主要有以下几项。

(1) 不再以"//"作为相对路径的起始符号。

(2) 以圆点"."来代替元素 class 属性。

(3) 以"#"号来代替元素 id 属性。

相对路径元素定位时的具体实现过程,代码如下:

```python
#第4章/CSS_relative.py
from selenium import webdriver
from time import sleep

driver = webdriver.Chrome()
driver.get('http://www.baidu.com/')

#body 标记对在整个页面中唯一,打印 body 文本内容
element = driver.find_element_by_css_selector('body')
print(element.text)

#百度搜索输入框 input 标记对不唯一,加 id 属性进行唯一性区分,id 属性以"#"代替,后跟 id 属
#性值
driver.find_element_by_css_selector('input#kw').send_keys('Selenium')
sleep(2)

#百度搜索输入框 input 标记 class 属性全页面唯一
driver.find_element_by_css_selector('.s_ipt').send_keys('Selenium2')
sleep(2)

#无法定位"新闻"标签所在 a 标记对,可先定位上级 div 标记
driver.find_element_by_xpath('div#s-top-left>a').click()
sleep(2)

driver.quit()
```

4.5.3 模糊定位

CSS 元素定位时没有辅助函数进行类似 XPath 那样的模糊查找定位,在实现模糊定位时使用符号来代替查找函数,主要有以下几种符号。

(1) ^等同于 XPath 中的 starts-with()函数。

(2) $等同于 XPath 中的 ends-with()函数。

(3) *等同于 XPath 中的 contains()函数。

下面以百度首页中 href 属性的查找为例,分别进行 href 属性部分值查找的方式进行元素定位,代码如下:

```python
#第4章/CSS_relative.py
from selenium import webdriver
```

```python
from time import sleep

driver = webdriver.Chrome()
driver.get('http://www.baidu.com/')

# 使用CSS模糊定位方式,定位href属性以http://www.bai开头的元素,再打印href完整属性值
# 进行验证
element = driver.find_element_by_css_selector('div#s-top-left>div>a[href^="http://www.bai"]')
print(element.get_attribute('href'))
sleep(2)

# 使用CSS模糊定位方式,定位href属性以com/more/结尾的元素,再打印href完整属性值进行验证
element = driver.find_element_by_css_selector('div#s-top-left>div>a[href$="com/more/"]')
print(element.get_attribute('href'))
sleep(2)

# 使用CSS模糊定位方式,定位href属性包含baidu的元素,再打印href完整属性值进行验证
element = driver.find_element_by_css_selector('div#s-top-left>div>a[href*="baidu"]')
print(element.get_attribute('href'))
sleep(2)
driver.quit()
```

4.5.4 辅助定位表达式

在实际元素定位过程中,总会遇到所定位元素有多个的情况。如果要定位的元素的个数是固定的,并且只定位其中某一个具体的元素,可以用序号的方式进行标注。若同级元素个数是动态变化的,并且定位时关注点在元素的位置,例如同组元素的第一个、最后一个。这时可以使用伪类进行定位。伪类是Selenium为元素定位所提供的一组关键字,加入定位表达式可以发挥特殊的作用。仅以下面3个伪类为例,对它们的使用方法进行讲解。

(1) div:first-child 定位div元素组的第一个子元素。
(2) div:nth-child(2) 定位div元素组的第二个子元素。
(3) div:last-child 定位div元素组的最后一个子元素。

以百度首页为例,使用以上3种方式完成具体元素的定位操作。HTML片断如图4.5所示。

使用伪类的方式,完成"新闻""地图""学术"的定位操作,代码如下:

```python
# 第4章/CSS_expression.py
from selenium import webdriver
```

```python
from time import sleep

driver = webdriver.Chrome()
driver.get('http://www.baidu.com/')

# 使用 CSS 表达式方式获取页面中所有 div#s-top-left 标签下的子类
# 使用 first-child 方式定位子类中的第一个值，新闻
# 注意：定位表达式与伪类前的冒号中间有一个空格，否则执行时会报异常
element = driver.find_element_by_css_selector('div#s-top-left :first-child')
print(element.text)
sleep(2)

# 使用 CSS 表达式方式获取页面中所有 div#s-top-left 标签下的子类
# 使用 nth-child() 方式定位子类中的第 3 个值，地图
# 注意，nth-child() 小括号中可以写子类集索引，此方法可替代另外两种伪类定位
element = driver.find_element_by_css_selector('div#s-top-left :nth-child(3)')
print(element.text)
sleep(2)

# 使用 CSS 表达式方式获取页面中所有 div#s-top-left 标签下的子类
# 使用 last-child 方式定位子类中的最后一个值
element = driver.find_element_by_css_selector('div#s-top-left :last-child')
print(element.text)
sleep(2)

driver.quit()
```

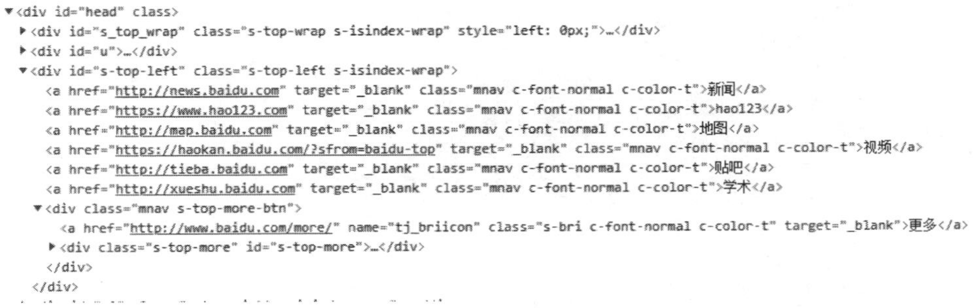

图 4.5　百度首页 HTML 片断

4.6　元素定位方法的选择

关于元素定位的方法就先讲解到这里，对于 UI 自动化测试，元素定位的基本方法相对比较简单。在实际编写自动化测试脚本时会遇到很多意外情况，单纯的元素定位方法无法

解决所有的问题,例如由于显示器分辨率问题导致页面元素显示不全,而无法完成定位及后续的操作,此时可以调整显示器分辨率来解决问题,但是自动化脚本有可能在很多台计算机上运行,调整分辨率的方法显然无法从根本上解决问题,这就需要一些技巧来解决此类问题,以期获得可维护性较强的自动化脚本。

本节从两方面来讲解元素定位方法的选择,以及多元素定位方法的使用和元素定位方法的适用场景。

4.6.1 多元素定位方法的使用

多元素定位最终获取的是一个定位元素列表,需要获取具体的元素值才能进一步对元素对象做单击、输入等相关操作。这种定位方式多用于两种情况:一种是元素定位无法获取单一值,可用此方法获取整组元素对象,再根据实际需要对列表中目标元素进行操作;还有一种用于统计目标元素数量,此方法多用于元素定位调试过程中。

以图 4.5 中的 HTML 片断为例,对多元素定位方法的使用进行讲解,代码如下:

```python
# 第 4 章/MUL_elements.py
from selenium import webdriver
from time import sleep

driver = webdriver.Chrome()
driver.get('http://www.baidu.com/')

# 使用标签 a 下的 class 类选择一组值
elements = driver.find_elements_by_xpath('//a[@class = "mnav c-font-normal c-color-t"]')

# 打印列表的长度信息
print(len(elements))

# 选择第一个元素值,打印元素文本信息
print(elements[0].text)

# 选择第一个元素值,进行单击,以便打开百度新闻页面
sleep(2)

driver.quit()
```

4.6.2 元素定位方法的适用场景

最后讲解几点笔者在日常工作中使用定位的思路。

定位一个元素,先看它的属性值,感觉某个属性值被特指,例如百度首页中 div 元素的 id 值是 s-top-left(左上角),可以尝试对此值进行全页面搜索,看一看它是否唯一。若在 div 元素中的 id 属性值唯一,就可使用它来完成定位。

如果目标元素定位不到,就可以尝试定位离它最近的上级元素,定位到以后再采用路径方式指下来。假如百度首页 div < id = "s-top-left"并不唯一,它的父级 div < id = "head"唯一,那么就可以先定位到这个 div,表达式可写成://div[@id="head"]/div/div[3]

若上级也不好定位,那就可以寻找离目标元素最近的上级分支,然后指向下级元素,定位成功后先用".."返回同支上级,再通过路径指向目标元素。

如果还是不行,检查一下页面中是否有 iframe 一类的元素,如果有,先向内跳转,然后再定位。这种方法在后面会讲解,这里只是先提及这一知识点。

如果一个属性无法完成定位,则可尝试两个条件元素属性做 and 运算来确认唯一。

以上思路基本可以解决元素定位问题。如遇到特殊情况,则只能通过与开发者进行沟通或者不断调试得出可行的定位方法。

第 5 章 WebDriver API 初级应用案例

在 Selenium 的 WebDriver 类中包含了大部分 UI 自动化 API 操作。第 4 章讲解元素定位时所用到的定位方法属于与定位相关的 API 操作。本章主要目标是将众多 API 初级操作中常用的方法分类并进行讲解。这类初级方法有一个共同的特点，就是功能实现单一，实际应用过程中需组合以实现具体应用场景。根据使用属性将这些常用方法分成 4 类进行讲解。

5.1 获取页面属性操作

页面属性多用于自动化测试用例的断言，即预期结果与实际结果的对比。获取页面上的关键信息来判断用例执行结果，在本节中使用 Python 自带的 assert 断言关键字来完成代码执行结果的判断。

5.1.1 获取页面 Title 属性值

前面提到过自动化测试操作的范围是 HTML 页面中的 body 标记对部分。head 标记对中只有 Title 标记对可视，它可协助测试用例脚本完成代码执行结果的断言。以百度首页搜索为例，代码如下：

```python
#第 5 章/Obtain_title.py
from selenium import webdriver
from time import sleep

driver = webdriver.Chrome()
driver.get('http://www.baidu.com/')

#搜索内容
driver.find_element_by_xpath('//*[@id="kw"]').send_keys('网易云思课帮')
sleep(2)
#单击进行搜索
driver.find_element_by_xpath('//*[@id="su"]').click()

#获取页面的 title 标签值，并将实际结果存入 actual 变量
```

```python
actual = driver.title
# 将预期结果存入 expect 变量
expect = '网易云思课帮_百度搜索'

# 使用 assert 进行断言
assert actual,expect

sleep(2)
driver.quit()
```

5.1.2 获取页面源码

获取页面源码和获取 Title 文本的作用相似,都是用来对操作结果页面进行断言。当 Title 信息无法完成结果判断时,可选用此方法查看预期结果在结果页面中是否存在,代码如下:

```python
# 第 5 章/Obtain_source.py
from selenium import webdriver
from time import sleep

driver = webdriver.Chrome()
driver.get('http://www.baidu.com/')

# 搜索内容
driver.find_element_by_xpath('//*[@id="kw"]').send_keys('网易云思课帮')
sleep(2)
# 单击进行搜索
driver.find_element_by_xpath('//*[@id="su"]').click()

# 获取页面的 title 标签值,并将实际结果存入 actual 变量
actual = driver.page_source
# 将预期结果存入 expect 变量
expect = '网易云思课帮_百度搜索'

# 使用 assert 进行断言
assert expect in actual

sleep(2)
driver.quit()
```

5.1.3 获取页面元素文本信息

当页面元素有固定文本信息时,也可以选择获取元素文本的方式进行断言。这种方法和获取页面源码进行比较功能是一样的。以百度首页打开的正确性进行断言为例,此次选

择页脚处"关于百度"进行比较,代码如下:

```python
#第5章/Obtain_text.py
from selenium import webdriver
from time import sleep

driver = webdriver.Chrome()
driver.get('http://www.baidu.com/')

#获取页面元素文本值,并将实际结果存入 actual 变量
actual = driver.find_element_by_xpath('//*[@id="bottom_layer"]/div[1]/p[2]/a').text
#将预期结果存入 expect 变量
expect = '关于百度'
print(actual)
#使用 assert 进行断言
assert expect , actual

sleep(2)
driver.quit()
```

5.1.4 获取并设置当前窗口大小

M 版网站运行于移动端浏览器,在 UI 自动化测试时多采用模拟器或真机方式进行。事实上在自动化验证过程中,PC 端浏览器完全可以满足 M 版网站的功能测试。首先获取浏览器窗口大小,将窗口设置为手机常见的分辨率来执行自动化脚本。执行结束后再将浏览器窗口恢复至初始大小,这是因为通常浏览器有记忆功能,再次打开时会与上一次设置大小保持一致。这种情况下执行非 M 版网站脚本时会造成操作元素遮挡,从而导致执行失败。以 M 版百度为例进行演示,代码如下:

```python
#第5章/Obtain_size.py
from selenium import webdriver
from time import sleep

driver = webdriver.Chrome()
driver.get('http://m.baidu.com/')

#获取当前浏览器窗口大小,返回的是字典对象
position = driver.get_window_size()
print("当前浏览器所在位置的宽:",position['width'])
print("当前浏览器所在位置的高:",position['height'])

#设置当前浏览器窗口大小,宽度 508 为 Chrome 浏览器宽度下限
driver.set_window_size(width=508, height=760,windowHandle='current')
sleep(2)
```

```
print(driver.get_window_size())

#在M版百度页执行搜索操作
driver.find_element_by_xpath('//*[@id="index-kw"]').send_keys('网易云思课帮')
sleep(2)
driver.find_element_by_xpath('//*[@id="index-bn"]').click()
sleep(2)
#恢复浏览器窗口为全屏状态
driver.maximize_window()
driver.quit()
```

5.2 输入操作

输入操作是页面交互操作中最基本的一种方式。在广义的输入概念中键盘及鼠标操作,甚至语音及视频都可以算是输入。本节所讲的输入为狭义的文本输入。有些操作在本书前面的示例中已经用到过。

5.2.1 输入文本操作

在 Selenium 中,文本输入用到的方法是 Sendkeys(text)。它的使用方法很简单,通过 text 参数将输入文本填入定位元素指定的位置,代码如下:

```
#第5章/Input_text.py
from selenium import webdriver
from time import sleep

driver = webdriver.Chrome()
#在打开的浏览器中输入网址,这也算是一种输入
driver.get('http://www.baidu.com/')
#send_keys()的基本输入方式
#当前面定位元素不是可输入文本框时,输入失败,而执行无异常
driver.find_element_by_xpath('//*[@id="kw"]').send_keys('网易云思课帮')
driver.find_element_by_xpath('//*[@id="su"]').click()
sleep(2)

driver.quit()
```

5.2.2 单选、复选框操作

单选、复选框的操作本质上还是单击,使用 click()方法就可以完成此操作。选择是输入之外使用最多的页面交互操作。常用于搜索页面条件选择、个人设置页面信息项选择、按钮等操作。页面选择中还有一类特殊的选择操作,即文件选择,类似操作在 OA 系统中较为

常见,需要配合键盘及鼠标来完成,在后面的鼠标及键盘操作中会分别讲解。关于 click()
的使用方法以孔夫子旧书网登录页面为例,代码如下:

```python
#第5章/Input_choice.py
from selenium import webdriver
from time import sleep

driver = webdriver.Chrome()
driver.get('http://login.kongfz.com/')

#输入用户名及密码
driver.find_element_by_xpath('//*[@id="username"]').send_keys('Thinkerbang')
driver.find_element_by_xpath('//*[@id="password"]').send_keys('123456')
sleep(2)
#单击完成"记住密码"框的选择操作
driver.find_element_by_xpath('//*[@id="login"]/div[2]/div[1]/input').click()
sleep(1)
driver.find_element_by_xpath('//*[@id="login"]/div[3]/input').click()
sleep(2)

driver.quit()
```

示例中所用网站是笔者在日常使用过程中为数不多的在自动化脚本执行时不弹出验证码的网站。当然,若是同一 IP 频繁执行登录脚本也会弹出验证问题。各位读者在练习过程中首选网站肯定是自己公司的待测网站。网站验证码的出现本身就是为了防止自动化脚本的执行页出现的。各网站层出不穷且花样翻新的验证方式本质上也是保障网站安全的一种方式。网上会看到一些自动化脚本绕过验证码的方法,如果方法可行,就说明此网站或验证方式存在安全漏洞。在自己日常测试的软件上执行自动化测试,最常见的方法是找开发者暂时关掉验证功能。这在 UI、接口、性能测试时是通用的方法。

5.2.3 下拉列表操作

下拉列表控件的常规操作是单击菜单项,在弹出列表中选择目标数据,以百度首页中的设置菜单为例,页面 HTML 片断如图 5.1 所示。

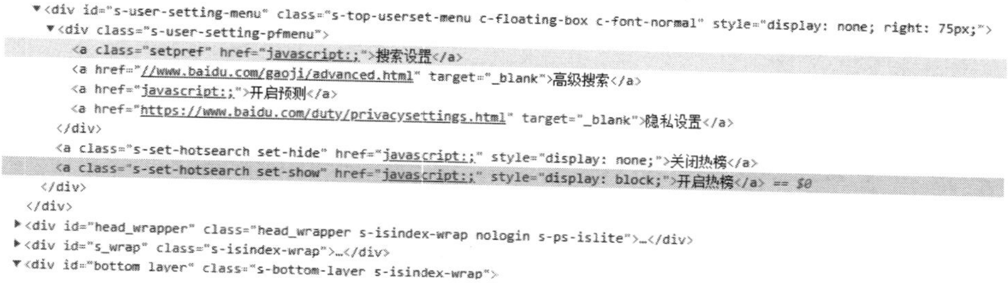

图 5.1 百度首页"设置"菜单 HTML 片断

在定位页面元素时,会发现无法通过开发者模式中的定位箭头完成控件定位。这是因为菜单是动态显示的,当鼠标离开"设置"时,菜单会被隐藏。鼠标带着定位箭头单击"设置"完成的是它本身的元素定位。这时可以在要定位元素上右击并选择"检查"项,同样可以完成 HTML 中的元素定位,代码如下:

```
#第5章/Input_drop-down.py
from selenium import webdriver
from time import sleep

driver = webdriver.Chrome()
driver.get('http://www.baidu.com/')

#全屏窗口页面,设置菜单在最右侧,需要在全屏模式下操作
driver.maximize_window()
#单击"设置"菜单
driver.find_element_by_xpath('//*[@id="s-usersetting-top"]').click()
#在弹出菜单中选择开启热榜,此步执行成功的前提条件是热榜处于关闭状态
driver.find_element_by_xpath('//*[@id="s-user-setting-menu"]/a[2]').click()
sleep(2)

driver.quit()
```

5.2.4 复位操作

本节主要演示几个自动化操作中的辅助操作。辅助类的方法独立出现的意义不大,很多时候也能找到相关替代方法,这主要取决于个人编写自动化脚本的习惯。下面进行归类介绍。

1. 清除操作

常见的清除有清空输入文本,以及页面刷新、复位等,代码如下:

```
#第5章/Input_clear.py
from selenium import webdriver
from time import sleep

driver = webdriver.Chrome()
driver.get('http://news.baidu.com/')

#输入要搜索的新闻关键字并进行搜索操作
driver.find_element_by_xpath('//*[@id="ww"]').send_keys('北斗导航')
sleep(2)
driver.find_element_by_xpath('//*[@id="s_btn_wr"]').click()
sleep(2)
#再次输入搜索文本前,需执行清除文本操作
driver.find_element_by_xpath('//*[@id="kw"]').clear()
```

```
sleep(2)
driver.find_element_by_xpath('//*[@id="kw"]').send_keys('网易云思课帮')
sleep(2)
driver.find_element_by_xpath('//*[@id="su"]').click()
sleep(2)
#刷新页面操作效果类似于按 F5 键进行刷新
#有些页面输入刷新后会恢复初始状态,例如百度注册页面刷新,其效果相当于清除输入文本
driver.refresh()

driver.quit()
```

2. 等待操作

常见的时间等待操作有显式等待、隐式等待。显式等待目的性更强,在设定时间内等待某个具体定位元素的加载。这样做的优点是脚本执行过程中延时针对性强,缺点是一旦目标元素无法完成加载,脚本执行会中断。显式等待实现过程会在本书第 7 章讲解。

隐式等待是针对整个页面而言的,在设定时间内,如果整个页面加载完成,则自动中止等待,反之则执行完设定时间后继续执行后面的脚本。time 模块下的 sleep() 的用法和隐式等待相似,不同之处在于 sleep() 所设置的等待时间值没有弹性,设置的时间消耗完毕后才会进行后续脚本的执行,代码如下:

```
#第 5 章/Input_wait.py
from selenium import webdriver
from time import sleep

driver = webdriver.Chrome()
driver.get('http://news.baidu.com/')

#隐式等待 5s,页面加载在 5s 以内完成则自动进行下一步操作
#此方法适用于页面载入内容较多且等待时间不确定时使用
driver.implicitly_wait(5)

#输入要搜索的新闻关键字并进行搜索操作
driver.find_element_by_xpath('//*[@id="ww"]').send_keys('北斗导航')
sleep(2)
driver.find_element_by_xpath('//*[@id="s_btn_wr"]').click()
sleep(2)

driver.quit()
```

5.3 鼠标操作

鼠标类的操作在软件中最常见到的是单击、双击、右击 3 种。部分地图类和 OA 办公类软件在页面中也会出现拖曳操作,例如百度网盘、迅捷在线思维导图等。读者有必要掌握一

些基本的鼠标类操作方法。

Selenium 中的鼠标操作基本在 ActionChains 类的下面。

5.3.1 单击操作

Click()单击操作在之前已多次使用,代码如下:

```
#第5章/Mouse_click.py
from selenium import webdriver
from time import sleep

driver = webdriver.Chrome()
driver.get('https://www.baidu.com/')

driver.find_element_by_id("kw").send_keys('网易云思课帮')
#对定位对象进行单击操作
driver.find_element_by_id('su').click()
sleep(2)

driver.quit()
```

5.3.2 双击操作

双击操作分 3 步实现。首先定位需要实现双击的元素,其次声明 ActionChains 类,将定位对象传入,最后在类对象中选择 double_click()方法,执行 perform()进行双击动作并提交,代码如下:

```
#第5章/Mouse_double.py
from selenium.webdriver.common.action_chains import ActionChains
from selenium import webdriver
from time import sleep

driver = webdriver.Firefox()
driver.get('https://www.kongfz.com/')

#定位需要双击的元素,页面右上角的只读文本:网罗天下图书
double = driver.find_element_by_xpath("//*[@id='navHeader']/div/div[1]/span[1]")
sleep(2)
#对定位对象进行双击操作
#双击后的效果是定位文字被全部选中
ActionChains(driver).double_click(double).perform()
sleep(2)

driver.quit()
```

5.3.3　右击操作

右击操作的实现并不复杂,复杂的是后续操作。通常右击后会出现菜单项,然后在菜单项中选择需要操作的项进行下一步操作。很多 Web 页面中的右击菜单属于浏览器本身,页面中没有与之相关的元素,这时需要配合键盘进行操作。在 5.4 节键盘操作讲解完成后再实现右击菜单的操作。本节实现右击效果,代码如下:

```python
#第 5 章/Mouse_right.py
from selenium.webdriver.common.action_chains import ActionChains
from selenium import webdriver
from time import sleep

driver = webdriver.Chrome()
driver.get('https://www.baidu.com/')

#定位需要右击的元素
right = driver.find_element_by_id("kw")
#对定位对象进行右击操作
ActionChains(driver).context_click(right).perform()
sleep(2)

driver.quit()
```

5.3.4　鼠标拖曳操作

拖曳类操作有两种方法进行支撑:第 1 种是 drag_and_drop()方法,此方法有两个传入参数,实现将第 1 个定位元素移动至第 2 个定位元素的坐标处;第 2 种是计算偏移量 drag_and_drop_by_offset()方法,此方法有 3 个传入参数,第 1 个参数是待移动参数,后两个参数分别是待移动参数相对于当前位置的 x、y 轴偏移量。以 jqueryui 网站实现拖曳操作为例,其代码如下:

```python
#第 5 章/Mouse_drag.py
from selenium.webdriver.common.action_chains import ActionChains
from selenium import webdriver
from time import sleep

driver = webdriver.Chrome()
driver.get('https://jqueryui.com/resources/demos/draggable/scroll.html')

#定位页面中的前两个元素
above1 = driver.find_element_by_id("draggable")
```

```
above2 = driver.find_element_by_id("draggable2")

#执行移动操作,将第1个方块向左下角进行偏移,偏移量 x:100,y:200
ActionChains(driver).drag_and_drop_by_offset(above1,xoffset = 100,yoffset = 200).perform()
sleep(2)

#执行移动操作,将第2个方块移动到第1个方块的位置
ActionChains(driver).drag_and_drop(above2,above1).perform()
sleep(2)

driver.quit()
```

5.4 键盘操作

Web 页面交互操作中用到键盘的操作有 3 种:输入操作、组合热键操作和右击菜单进行选择操作。

5.4.1 输入操作

输入操作的基本用法在前面示例中已多次使用到,通过 send_keys()方法实现输入效果,代码如下:

```
#第 5 章/Keyboard_input.py
from selenium import webdriver
from time import sleep

driver = webdriver.Chrome()
driver.get('http://www.baidu.com/')

#send_keys()的基本输入方式
#当前面定位元素不是可输入文本框时,输入失败,而执行无异常
driver.find_element_by_xpath('//*[@id="kw"]').send_keys('网易云思课帮')
driver.find_element_by_xpath('//*[@id="su"]').click()
sleep(2)

driver.quit()
```

5.4.2 组合热键操作

在 send_keys()操作中输入英文内容与直接按下键盘上相应的键效果等价。本节要讲解的组合热键的重点是非内容输入类的辅助键的使用方法,代码如下:

```python
#第5章/Keyboard_hot-key.py
from selenium import webdriver
from selenium.webdriver.common.keys import Keys
from time import sleep

driver = webdriver.Chrome()
driver.get('http://www.sogou.com')

#定位搜狗搜索页面输入框元素,按下F12键以便打开开发者模式
driver.find_element_by_id("query").send_keys(Keys.F12)
sleep(2)

#输入搜索内容
driver.find_element_by_id("query").send_keys("Selenium")
sleep(2)

#按下Ctrl + A键全选文字
driver.find_element_by_id("query").send_keys(Keys.CONTROL, 'a')
sleep(2)

#按下Ctrl + X键剪切文字,再按下Ctrl + V键进行粘贴
driver.find_element_by_id("query").send_keys(Keys.CONTROL, 'x')
sleep(1)
driver.find_element_by_id("query").send_keys(Keys.CONTROL, 'v')

#按下Enter键进行内容搜索
driver.find_element_by_id("query").send_keys(Keys.ENTER)
sleep(2)

driver.close()
```

5.4.3 右击菜单进行选择操作

在5.3.3节中实现了右击操作,接下来对右击菜单中的选项进行选择操作。以百度首页为例,在百度首页LOGO上进行右击,在弹出的快捷菜单中选择"图片另存为"选项,如图5.2所示。

接下来会弹出图片另存窗口,如图5.3所示。

要完成图片保存操作,需要解决3个问题。首先要在定位图片上执行右击操作以便弹出菜单,其次需要按键盘的向上按钮选择需要的菜单项进行回车操作,最后需要回车完成图片保存操作。由于右击菜单和图片另存弹窗均不是页面内容,因此无法完成定位。此时借助键盘热键可以辅助完成这些操作,代码如下:

第5章　WebDriver API 初级应用案例　　69

图 5.2　百度首页右击菜单项

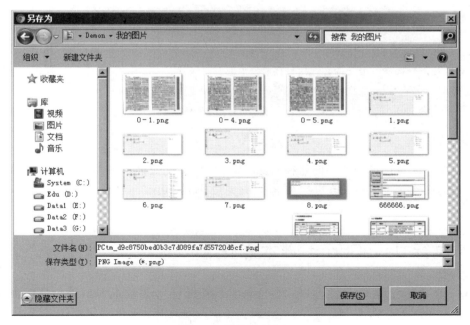

图 5.3　图片另存窗口

```python
# 第 5 章/Keyboard_right-key.py
from selenium.webdriver.common.action_chains import ActionChains
from selenium.webdriver.common.keys import Keys
from selenium import webdriver
from time import sleep
import pyautogui

driver = webdriver.Chrome()
driver.get('https://www.baidu.com/')

# 定位需要右击的图片元素
right = driver.find_element_by_xpath("//*[@id='s_lg_img']")
# 对定位对象进行右击操作
action = ActionChains(driver)
action.context_click(right).perform()
action.send_keys(Keys.ARROW_DOWN)
sleep(2)

# 在弹出的快捷菜单中选择"图片另存为"选项
for i in range(7):
    # 此处引入'pyautogui'模块,down 与 Keys.ARROW_DOWN 作用相同
    pyautogui.typewrite(['down'])
    sleep(1)

# 'return'的作用与 Keys.ENTER 的作用相同
pyautogui.typewrite(['return'])
sleep(2)
# 再次按下'return',效果为在弹出另存窗口上回车并保存
pyautogui.typewrite(['return'])
sleep(2)

driver.quit()
```

在本例中无法选择图片存储路径,也无法为另存文件命名。在第 6 章会讲解一款针对窗口元素的操作工具 AutoIt,可以配合代码完成 Web 页面与 Windows 窗口之间的交互操作。

5.5 执行 JavaScript 脚本操作

Python 语言支持多语言执行,Selenium 下也保留了类似功能。WebDriver 类中的 excute_script()方法可以直接运行 JavaScript 代码,因此在 UI 自动化测试过程中,可以借助 JavaScript 语言来辅助完成一些 Selenium 实现困难的操作。

5.5.1 JavaScript 弹窗操作

页面弹窗操作始终是 UI 自动化操作过程中 Selenium 无法实现的一项操作。页面弹窗分 3 种情况：Web 页面模拟弹窗、Windows 弹窗和 JavaScript 弹窗。

Web 页面模拟弹窗的本质仍然是 Web 页面，常规页面元素定位就可以实现。

Windows 弹窗的操作会在第 6 章具体讲解处理方法。

JavaScript 弹窗触发的脚本在 Web 页面中，触发弹出后，弹窗本身不在页面中，Selenium 无法完成定位及后续操作。通过执行 JavaScript 代码的方式可以完成对这类弹窗的确认操作。由于公网 Web 页面中 JavaScript 弹窗没有适合的例子，所以需要编写一个 HTML 页面实现弹窗效果，代码如下：

```html
<!-- 第 5 章/popup.html -->
<!DOCTYPE html>
<html>
    <head>
        <meta http-equiv="Content-Type" content="text/html; charset=utf8">
        <title>JavaScript 弹窗示例</title>
    </head>
    <body>
        <div align="center">
        <h4>JavaScript 弹窗示例</h4>
        <input type="button" onclick="showPro()" value="prompt 弹窗按钮"/>
        <input type="button" onclick="showAlert()" value="Alert 弹窗按钮"/>
            <br><br><br>
        <span id="textSpan"></span>

        </div>
    </body>
    <script>

        function showPro(){
            document.getElementById("textSpan").innerHTML = "";
            con = prompt("这是 prompt 弹窗");
        }
        function showAlert(){
            document.getElementById("textSpan").innerHTML = "";
            alert("这是 Alert 弹窗");
        }
    </script>
</html>
```

通过示例页面，对两种 JavaScript 弹窗进行操作，代码如下：

```python
#第 5 章/JS_popup.py
from selenium import webdriver
from time import sleep

driver = webdriver.Chrome()
driver.get('D:/PO_test/book05/popup.html')
sleep(2)

#获取 alert 对话框的按钮,单击按钮,弹出 alert 对话框
driver.find_element_by_xpath('/html/body/div/input[2]').click()
#获取 alert 对话框
alert = driver.switch_to.alert
sleep(2)

#获取警告对话框的内容,并打印警告对话框内容
print(alert.text)
#接受 alert 弹窗
alert.accept()
sleep(2)

#获取 confirm 对话框的按钮,单击按钮,弹出 confirm 对话框
driver.find_element_by_xpath('/html/body/div/input[1]').click()
#获取 confirm 对话框
dialog_box = driver.switch_to.alert
sleep(2)

#获取对话框的内容,并打印警告对话框内容
print(dialog_box.text)
#接受弹窗
dialog_box.accept()
sleep(2)

driver.quit()
```

5.5.2　JavaScript 输入操作

JavaScript 可以模拟 Selenium 进行元素定位并实现输入、单击等操作,代码如下:

```python
#第 5 章/JS_input.py
from selenium import webdriver
from time import sleep

driver = webdriver.Chrome()
driver.get('http://www.baidu.com/')
sleep(2)
```

```python
# 定位搜索输入框,并输入搜索内容
driver.execute_script('document.getElementById("kw").value = "网易云思课帮"')
sleep(2)
# 定位"百度一下"按钮,并单击搜索操作
driver.execute_script('document.getElementById("su").click()')
sleep(2)

driver.quit()
```

5.5.3　JavaScript 滑屏操作

页面操作中有一种特例情况,待操作元素不在本页面可视范围内显示。JavaScript 中有两种方式可以完成滑屏操作:第 1 种方式是通过定位目标位置的元素来完成滑屏;第 2 种方式是通过执行定位坐标偏移量来完成滑屏。推荐使用第 1 种方式滑屏,使用此滑屏方式定位更精确。当页面滑屏目标位置没有可定位元素时,可采用第 2 种方式。通过 Scroll() 方法实现滑屏,它通过设置 y 坐标的方式实现。此方法受显示器屏幕分辨率影响,只能算出大致的位置,可以作为元素定位滑屏方法的一个备用方案。代码如下:

```python
# 第 5 章/JS_move.py
from selenium import webdriver
from time import sleep

driver = webdriver.Chrome()
driver.get("http://www.kongfz.com")
sleep(1)

# 网页自动隐藏不可视栏目元素,只有第 2 种方法合适
# 拖动至"民国书刊拍卖"栏目
driver.execute_script("scroll(0,7500)")
sleep(2)

# 获取当前可视范围内所有 class = 'floor-big-title-name'元素
# 全页面共 9 个栏目,每次可随机获取 3~4 个栏目元素
target_elem = driver.find_elements_by_xpath("//span[@class = 'floor-big-title-name']")
# 打印获取栏目标题元素数
print(len(target_elem))
sleep(2)

# 使用第 1 种元素定位滑屏方式将页面滑至可视范围内的位置
driver.execute_script("return arguments[0].scrollIntoView();", target_elem[1])
sleep(5)

driver.quit()
```

5.5.4　JavaScript 辅助操作

JavaScript 还有很多对页面的操作可用作 UI 自动化测试过程中的辅助操作。此处简单列出两种用法。有兴趣的读者可以参考 JavaScript 使用手册学习更多使用方法，代码如下：

```python
#第5章/JS_aux.py
from selenium import webdriver
from time import sleep

driver = webdriver.Chrome()
driver.get('http://www.baidu.com/')

#标红定位元素,当某一操作断言异常时,此方法可在截屏前对异常进行标注
js = 'var q = document.getElementById(\"kw\"); q.style.border = \"2px solid red\";'
driver.execute_script(js)
sleep(2)

#隐藏元素,将获取的图片元素隐藏
img = driver.find_element_by_xpath("//*[@id='lg']/img")
driver.execute_script('$(arguments[0]).fadeOut()', img)
sleep(2)

driver.quit()
```

第 6 章 基于 Window 自动化程序 AutoIt 应用

在 PC 端的 UI 自动化测试过程中的被测软件分为 Web 类和 Window 类。本书所讲解的大部分内容是基于 Web 端的 UI 自动化测试的。在自动化测试过程中，如果遇到 Window 类软件或客户端，则常用 QTP/UFT 实现。在 Web 自动化测试过程中，也会遇到 Window 组件出现的情况，例如第 5 章所讲解的弹窗。JavaScript 弹窗可以使用 JS 脚本解决，而 Window 弹窗就无法实现精准操作了。AutoIt 作为一款基于 Window 软件编译工具，可以协助 Selenium 完成 Web 自动化测试过程中的窗口操作部分。鉴于在实际测试工作中，会出现 Web 类软件与 Window 类工具协同实现整个业务流程的情况，本章重点介绍 AutoIt 如何使用及如何实现 Window 类软件的自动化测试。

6.1 AutoIt 介绍

AutoIt 最初是为 PC 端对数千台 PC 进行"批量处理"配置而设计的，不过随着 v3 版本的到来它也很适合用于 Window 类软件的自动化测试和用于编写完成重复性任务的脚本。AutoIt 的官网网址为 https://www.autoitscript.com/，如图 6.1 所示。

图 6.1　AutoIt 官网首页

6.2 AutoIt 安装与调试

访问 AutoIt 官网，进入下载页面。也可以直接输入网址：https://www.autoitscript.com/site/autoit/downloads/ 直接进入下载页面，如图 6.2 所示。

图 6.2　AutoIt 软件下载页面

6.2.1　AutoIt 下载与安装

在下载页面中有 3 个下载项，如图 6.3 所示。第 1 项 AutoIt Full Installation 为完整安装包下载，其中包含了 AutoIt、Aut2Exe、AutoItX 和 Editor 四大组件。第 2 项 AutoIt Script Editor 是定制版本，带有许多用于 AutoIt 的附加编码工具。第 3 项 AutoIt-Self Extracting Archive 为喜欢自解压存档与安装的人员提供所需文档。

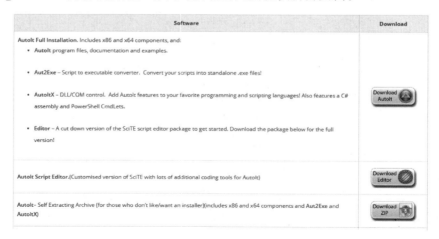

图 6.3　组件下载页面

下载完成后安装 AutoIt 主程序和 AutoIt Script Editor 定制版，如图 6.4 和图 6.5 所示。

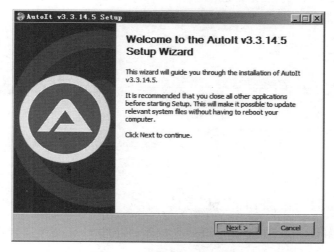

图 6.4　AutoIt 程序安装界面

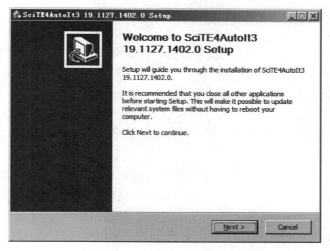

图 6.5　AutoIt Script Editor 安装界面

6.2.2　AutoIt 脚本编辑器

AutoIt 脚本是基于 VBS 语法的脚本，可以在任意文本编辑工具中进行编写，保存时将文件后缀修改为.au3 即可。本章在 6.2.1 节已安装 SciTE 工具，它是 AutoIt 官方推荐的编辑器，具有通用代码文件编辑功能。另存文件时只有.au3 一种文件存储格式。可以将 SciTE 工具看成 AutoIt 专用代码编辑器，工作界面如图 6.6 所示。

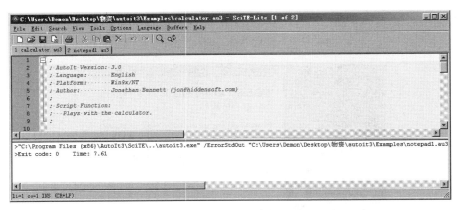

图 6.6　SciTE 运行界面

6.2.3　Au3Info 窗口信息工具

和 Selenium 相似，AutoIt 在编写自动化脚本时也需要对操作元素进行定位及取值。AutoIt 自带了一个窗口信息工具 Au3Info，运行界面如图 6.7 所示。

Au3Info 可以捕获到的窗口软件信息主要有窗口标题、窗口中的文本（可见的和隐藏的）、窗口大小和坐标、状态栏的内容、鼠标指针的坐标、鼠标指针下面像素的颜色、鼠标指针下面控件的详细信息。

通过获取待操作控件的元素信息，为自动化脚本提供支持。Au3Info 是顶层窗口，这方便在获取元素信息时窗口总是保持可视状态。

获取被测软件窗口信息的方法有两种：第 1 种方法是单击 Au3Info 窗口内的 Finder Tool 按钮，拖曳至目标窗口范围内即可获取窗口内所有控件元素的信息，这种方法通常用于获取窗口内具体控件信息时使用；第 2 种方法是运行 Au3Info 并直接单击目标窗口获取元素信息。

在使用过程中你会发现 Au3Info 会捕获所有鼠标经过的窗口信息，导致 Au3Info 窗口内所显示的信息频繁出现变化。为避免这种情况的出现，可按下 Ctrl＋Alt＋F 组合键冻结 Au3Info 的捕获功能。当需要获取某一窗口信息时拖曳 Finder Tool 按钮便可获取，这样可以减少误操作。当再次按下 Ctrl＋Alt＋F 组合键时便可以恢复鼠标自动捕获状态功能。获取窗口信息后的 Au3Info 如图 6.8 所示。

6.2.4　脚本的编译运行

当自动化脚本编写完成并且保存成功后，下一步就是运行脚本了。AutoIt 脚本无法直接运行，在 SciTE 脚本编辑器中可以按 F5 键进行调试运行。也可以在脚本文件上右击，在弹出的快捷菜单中选择 Run Script 运行。前提是操作环境中必须预装了 AutoIt 环境。为了解决这一问题，AutoIt 自带了一款编译工具 Aut2Exe。通过 Aut2Exe 可以将 .au3 文件直接编译成 .exe 可执行程序。Aut2Exe 运行界面如图 6.9 所示。

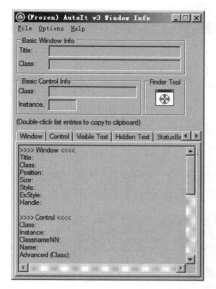

图 6.7　Au3Info 运行界面

图 6.8　Au3Info 捕获信息界面

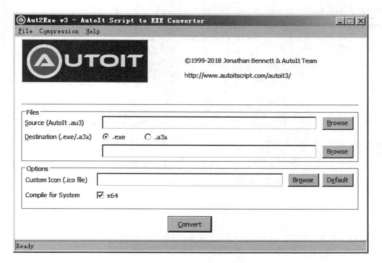

图 6.9　Aut2Exe 运行界面

Aut2Exe 工具操作非常简单。第 1 步，在 Files 选项卡下 Source 选项处选择待转换 .au3 源文件。第 2 步，在 Destination 选项处选择转换后文件的后缀，此处默认为 .exe 格式，再选择编译生成文件存放路径和名称。第 3 步，在 Options 选项卡下选择生成可执行文件图标。单击 Convert 按钮编译成功即可。这样生成的可执行程序可以嵌入 Selenium 代码中辅助使用。

6.3 第一个 AutoIt 自动化脚本的实现

本节以 Windows 自带的计算器为例来演示 AutoIt 使用的整个流程。

6.3.1 脚本编写

AutoIt 脚本的基本语法将在 6.4 节讲解,本节脚本所用到的基本知识在后面都会讲解。

首先,运行系统自带计算器小程序,使用 Au3Info 获取窗口信息。获取窗口控件信息如图 6.10(a)所示,向下拖动滚动条,可以看到窗口可视文本信息,如图 6.10(b)所示。

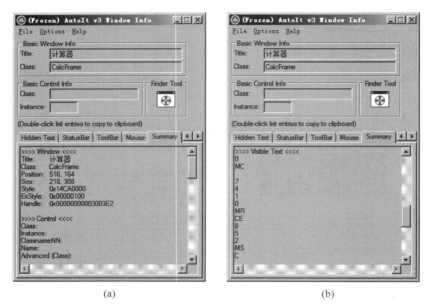

图 6.10　Au3Info 捕获 Visible Text 信息

从捕获到的 Visible Text 信息中可以看到计算器的可视文本,这些信息是后续脚本中需要用到的内容,代码如下:

```
;第 6 章/Calculator_test.au3
;
;AutoIt Version: 3.0
;Language:        English
;Platform:        Windows 7
;Author:          Thinkerbang
;
;Script Function:
```

```autoit
;    Plays with the calculator.
;

;弹出提示窗,选择"是"与"否"。如果选择"否",则脚本自动中止
Local $answer = MsgBox(4, "AutoIt 例子", "这个脚本先运行计算器,然后进行一组计算,最后退出运行")

;判断选择项,选择"否"按钮的 ID 为 7,选择"是"按钮的 ID 为 6
If $answer = 7 Then
    MsgBox(0, "AutoIt", "好的,再见!")
        Exit
EndIf

;运行计算机小程序 calculator
Run("calc.exe")

;当 title 为"计算器"的窗口出现时,将程序窗口置为激活状态
WinWaitActive("计算器")

;设置自动输入的时间间隔为 400ms
AutoItSetOption("SendKeyDelay", 400)
;输入"2 * 4 * 8 * 16 = "以便运算
Send("2 * 4 * 8 * 16 = ")
;设置等待时间为 2000ms
Sleep(2000)

;选择关闭"计算器"窗口操作
WinClose("计算器")

;等待"计算器"窗口关闭
WinWaitClose("计算器")

;程序运行结束
```

代码完成后按 F5 键进行代码调试,此时会弹出程序运行询问窗口,如图 6.11 所示。SciTE 有时用 F5 键调试运行会失效,这时可以选择在脚本源文件上右击运行脚本。

最后需要说明一点,用 SciTE 编写脚本当输入中文时有时会出现乱码,此时可以选择运行 SciTE,单击 Option→Open User Options File,增加两行代码如下:

code.page = 936
output.code.page = 936

这是使用 GBK、GB2312 编码模式。如果想使用 UTF-8 编码模式可以将上两行内容修改为

code.page = 65001
output.code.page = 65001

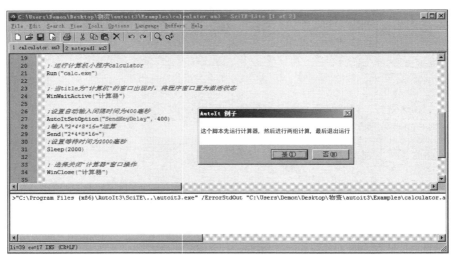

图 6.11　脚本调试运行效果

然后保存(File→Save)。如果要临时使用 UTF-8 编码模式，则可以单击 File→Encoding→UTF-8 即可。

6.3.2　生成可执行文件

运行 Aut2Exe 程序，选择源文件、目标文件存放路径、生成.exe 程序图标文件，具体设置如图 6.12 所示。

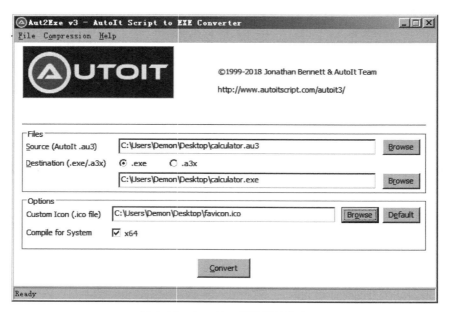

图 6.12　Aut2Exe 程序设置信息

注意，Options 选择的图标是后缀为 .ico 格式的文件，选择普通图片在编译时会报错误提示。此处可以找一个在线 ico 图标生成工具，将想要设置成可执行程序的图片进行转换后使用，生成结果如图 6.13 所示。

图 6.13　生成可执行程序文件

6.3.3　运行实例

最后执行自动化脚本程序就简单得多了，只需双击运行，这里不进行演示。需要注意的是，当 AutoIt 脚本与 Selenium 代码进行配合使用时，.au3 文件是无法直接运行在 Python 环境下的。此时需要将待运行脚本转换成 .exe 可执行程序，再嵌入 Selenium 自动化测试代码中使用。

6.4　AutoIt 脚本基础语法

AutoIt 从 v3 版本之后，开始引入大量编程语法内容，其语法风格类似于 VBScript 语言。本节主要介绍 AutoIt 脚本语言的基础知识及使用示例。

6.4.1　变量类型、关键字、运算符

1. 变量类型

AutoIt 的变量命名规则以 $ 开头的字母、数字、下画线的组合，例如 $Name、$Check_btn、$Number01，这些命名规则都是合法的。

定义变量可以使用 Global、Dim 或者 Local 来定义。如 Global $Name、Local $Name、Dim $Name。它们的区别如下。

- Global 用于声明全局变量。
- Local 用于声明局部变量，如函数内部变量。
- Dim，如果变量名和全局变量名同名，则会重用全局变量，否则只声明一个局部变量。

2. 关键字

AutoIt 脚本中的关键字并不多，包括注释在内，常用的有以下几种。

- include，包含一个文件到脚本中，在脚本文件执行过程中调用其他文件时使用。用法：♯include"[路径\]文件名"。
- include-once，指定当前文件只能被包含一次。没有使用这个关键字声明时，一个库文件如果多次被引用，则编译器会报错。用法：♯include-once。
- cs，注释行开始；ce，注释行结束。两者配合使用，实现脚本段落注释功能。用法：♯cs…♯ce。
- 单独注释一行代码，可以使用分号";"注释。

3. 运算符

AutoIt 支持编程语言中通用的赋值运算符、数学运算符、比较和逻辑运算符,具体类型如表 6-1 所示。

表 6-1 运算符

符号	作用	符号	作用
赋值运算符		算术运算符	
=	给变量赋值	+	两个数相加
+=	自加赋值	−	两个数相减
−=	自减赋值	*	两个数相乘
*=	自乘赋值	/	两个数相除
/=	自除赋值	&	连接两个字符串
&=	连接赋值	^	幂运算
符号	作用	符号	作用
比较运算符		逻辑运算符	
=	判断两个值是否相等	AND	逻辑与运算
==	判断两个字符串是否相等。区分大小写	OR	逻辑或运算
<>	判断两个值是否不相等。比较字符串时不区分大小写	NOT	逻辑非运算
>	判断第 1 个值(左边)是否大于第 2 个值(右边)		
>=	判断第 1 个值(左边)是否大于或等于第 2 个值(右边)		
<	判断第 1 个值(左边)是否小于第 2 个值(右边)		
<=	判断第 1 个值(左边)是否小于或等于第 2 个值(右边)		

6.4.2 条件与循环语句

1. 条件语句

程序总会根据某个条件或一系列条件的成立与否来控制程序的流程。条件判断只有 true 或者 false 两种可能结果。通常利用 ==、<>、>= 等比较运算符判断条件是否成立。

AutoIt 中使用条件语句在自动化测试过程中通常用来对用例脚本进行断言时使用。AutoIt 语法中没有关于断言的函数,因此需要自定义函数来完成测试过程中的断言。

AutoIt 提供了 3 种条件语句可供选择。

(1) If…EndIf 条件判断语句。

(2) Select…Case 条件选择语句。

(3) Switch…Case 多分支条件判断语句。

通常在对用例做断言时前两种语句较为常用。下面以 6.3.1 节计算器的实例分别对运

算结果做断言,代码如下:

```autoit
;第6章/Calculator_assert.au3
;
;AutoIt Version: 3.0
;Language:       English
;Platform:       Windows 7
;Author:         Thinkerbang
;
;Script Function:
;    Plays with the calculator.
;

;弹出提示窗,选择"是"与"否"。如果选择"否",则脚本自动中止
Local $answer = MsgBox(4, "AutoIt 例子", "这个脚本先运行计算器,然后进行两组计算,最后退出运行")

;判断选择项,选择"否"按钮的 ID 为 7,选择"是"按钮的 ID 为 6
If $answer = 7 Then
    MsgBox(0, "AutoIt", "好的,再见!")
    Exit
EndIf

;运行计算机小程序 calculator
Run("calc.exe")

;当 title 为"计算器"的窗口出现时,将程序窗口置为激活状态
WinWaitActive("计算器")

;设置自动输入的时间间隔为 400ms
AutoItSetOption("SendKeyDelay", 400)
;输入"2 * 4 * 8 * 16 = "以便运算
Send("2 * 4 * 8 * 16 = ")
;设置等待时间为 2000ms
Sleep(2000)

Local $export = 2 * 4 * 8 * 16 - 1

WinWaitActive("计算器")

;获取当前窗口可视文本元素
Local $text = WinGetText("[active]")
MsgBox(0, "读取文本","读取到的文本为: "& $text)
;MsgBox(0,"","" & $export)

;使用 StringInStr()函数确认 $export 是否包含在 $text 可视文本中
```

```
;如果比较结果为真,则返回子串所在位置,此例中返回6;如果比较结果为假,则返回0,可视文本中
;未找到计算结果
;还有一种方法是获取结果的精确文本,然后使用StringCompare()函数对结果进行比较,读者可自行尝试
Local $result = StringInStr($text, $export)
;MsgBox(0, "比较结果", "返回值: " & $result)

;声明文件对象,在当前目录以追加写入方式打开assert.txt文件
Local $file = FileOpen("assert.txt", 1)

;检查以追加写入方式打开的文件,正常打开则返回0,打开错误则返回-1
If $file = -1 Then
    MsgBox(0, "错误", "无法打开文件.")
    Sleep(1000)
    Exit
EndIf

;**** 使用 If…EndIf 方式断言 ****
;对计算结果进行断言,将断言结果写入结果文档中
If $result = 0 Then
    FileWriteLine($file, "以 If…EndIf 方式断言,执行结果为失败")
ElseIf $result <> 0 Then
    FileWriteLine($file, "以 If…EndIf 方式断言,执行结果为成功")
EndIf

;**** 使用 Select…Case 方式断言 ****
;对计算结果进行断言,将断言结果写入结果文档中
Select
    Case $result = 0
        FileWriteLine($file, "以 Select…Case 方式断言,执行结果为失败")
    Case $result <> 0
        FileWriteLine($file, "以 Select…Case 方式断言,执行结果为成功")
EndSelect

;**** 使用 Switch…Case 方式断言 ****
;对计算结果进行断言,将断言结果写入结果文档中
Switch Int($result)
    Case 0
        FileWriteLine($file, "以 Switch…Case 方式断言,执行结果为失败")
    Case Else
        FileWriteLine($file, "以 Switch…Case 方式断言,执行结果为成功")
EndSwitch

;关闭文件对象
FileClose($file)

;选择关闭"计算器"窗口操作
```

```
WinClose("计算器")

;等待"计算器"窗口关闭
WinWaitClose("计算器")

;程序运行结束!
```

2. 循环语句

重复多次执行的一段脚本代码,有两种循环方式:一种是计数循环,即根据给定的次数来执行循环;另一种是条件循环,即根据特定条件决定是否继续循环。

在编写 AutoIt 脚本进行自动化测试过程中,当参数不同时多次重复执行同一段脚本的情况不可避免,这就需要用到参数化。参数化最方便的解决方法便是使用循环实现。

AutoIt 提供了 4 种循环语句可供选择。

(1) For…To…Step…Next。
(2) While…Wend。
(3) Do…Until。
(4) For…In…Next。

此处通过循环的方式实现参数的读取,配合条件语句中的示例,分别以 3 种循环方式对执行结果进行写入操作。在 6.4.2 节代码的基础上进一步扩写和优化,代码如下:

```
;第6章/Calculator_assert_params.au3
;
;AutoIt Version: 3.0
;Language:       English
;Platform:       Windows 7
;Author:         Thinkerbang
;
;Script Function:
;    Plays with the calculator.
;

;弹出提示窗,选择是与否。如果选择否,则脚本自动中止
Local $answer = MsgBox(4, "AutoIt 例子", "这个脚本先运行计算器,然后进行两组计算,最后退出运行")

;判断选择项,选择"否"按钮的 ID 为 7,选择"是"按钮的 ID 为 6
If $answer = 7 Then
    MsgBox(0, "AutoIt", "好的,再见!")
    Exit
EndIf

;运行计算机小程序 calculator
```

```
Run("calc.exe")

;当 title 为"计算器"的窗口出现时,将程序窗口置为激活状态
WinWaitActive("计算器")

;以只读方式打开 params.txt 参数文件
Local $params = FileOpen("params.txt", 0)

;检查以只读打开的文件
If $params = -1 Then
    MsgBox(0, "错误", "无法打开文件。")
    Exit
EndIf

;声明用于存放结果的数组
Global $Results[2]

;声明预期结果数据,此处考虑到代码简化,未进行文件读取参数化处理
Global $Export[2] = [30,54]

;使用 For…To…Step…Next 方式循环取出参数,将执行结果写入数组
;For <变量> = <开始> To <停止> [Step <步进值>] 语句 … Next
For $i = 0 To 1 Step 1
    Local $line = FileReadLine($params)
    ;计算归零
    Send("C")
    ;设置自动输入的时间间隔为 400ms
    AutoItSetOption("SendKeyDelay", 400)
    ;输入"2*4*8*16="以便运算
    Send($line)
    ;设置等待时间为 2000ms
    Sleep(2000)

    WinWaitActive("计算器")

    ;获取当前窗口可视文本元素
    Local $text = WinGetText("[active]")
    ;MsgBox(0, "读取文本","读取到的文本为: " & $text)
    ;MsgBox(0,"","" & $export)

    ;使用 StringInStr()函数确认 $export 是否包含在 $text 可视文本中
    ;如果比较结果为真,则返回子串所在位置,此例中返回 6;如果比较结果为假,则返回 0,可视文本中未找到计算结果
    ;还有一种方法是获取结果的精确文本,然后使用 StringCompare()函数对结果进行比较,读者可自行尝试
```

```
    Local $result = StringInStr($text, $Export[$i])
    ;MsgBox(0, "比较结果", "返回值: " & $result)

    ;将比较结果写入数组中
    $Results[$i] = $result
Next

;关闭参数文件对象
FileClose($params)

;声明文件对象,在当前目录以追加写入方式打开 assert.txt 文件
Local $file = FileOpen("assert2.txt", 1)

;检查以追加写入方式打开的文件,正常打开则返回 0,打开错误则返回 -1
If $file = -1 Then
    MsgBox(0, "错误", "无法打开文件。")
        Sleep(1000)
    Exit
EndIf

;增加执行时间标记
FileWriteLine($file, "本次执行时间"& @YEAR & "年" & @MON & "月" & @MDAY & "日 " & @HOUR & ":" & @MIN & ":" & @SEC)

;**** 使用 While…Wend 方式循环 ****
$i = 0
While $i < 2

    ;**** 使用 If…EndIf 方式断言 ****
    ;对计算结果进行断言,将断言结果写入结果文档中
    If $Results[$i] = 0 Then
        FileWriteLine($file, "以 If…EndIf 方式断言,执行结果为失败")
    ElseIf $Results[$i] <> 0 Then
        FileWriteLine($file, "以 If…EndIf 方式断言,执行结果为成功")
    EndIf

    $i = $i + 1
WEnd

;**** 使用 Do…Until 方式循环 ****
$i = 0
Do
    ;**** 使用 Select…Case 方式断言 ****
    ;对计算结果进行断言,将断言结果写入结果文档中
    Select
        Case $Results[$i] = 0
```

```
                FileWriteLine($file, "以 Select…Case 方式断言,执行结果为失败")
            Case $Results[$i] <> 0
                FileWriteLine($file, "以 Select…Case 方式断言,执行结果为成功")
        EndSelect

        $i = $i + 1
    Until $i = 2

    ;**** 使用 For…In…Next 方式循环 ****
    For $element In $Results
        ;**** 使用 Switch…Case 方式断言 ****
        ;对计算结果进行断言,将断言结果写入结果文档中
        Switch Int($element)
            Case 0
                FileWriteLine($file, "以 Switch…Case 方式断言,执行结果为失败")
            Case Else
                FileWriteLine($file, "以 Switch…Case 方式断言,执行结果为成功")
        EndSwitch
    Next

    ;执行结束,增加一个间隔空行
    FileWriteLine($file, "")

    ;关闭结果文件对象
    FileClose($file)

    ;选择关闭"计算器"窗口操作
    WinClose("计算器")

    ;等待"计算器"窗口关闭
    WinWaitClose("计算器")

    ;程序运行结束!
```

运行后生成的 assert2.txt 结果文档,如图 6.14 所示。

6.4.3 用户函数与内置函数

随着自动化测试脚本功能和测试用例数的增加,顺序执行的代码管理模式已不再适合,这时需要用函数来解决这一问题。一个函数就是段代码,可以供脚本调用来执行一定的"功能"。AutoIt 有两类函数:用户函数与内置函数。

1. 用户函数

用户函数的声明使用 Func…EndFunc 语句声明。函数可以接收参数值,并返回用户要求的值。函数名必须以字母或下画线为首字符,其余部分可以是任何字母或数字的组合。

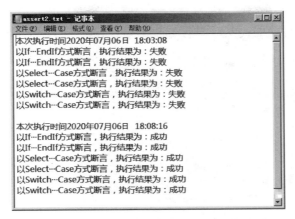

图 6.14　assert2.txt 执行结果文档

下面举一个简单的两数相加并返回计算结果的示例，代码如下：

```
;第 6 章/Func_add.au3
;
;AutoIt Version: 3.0
;Language:        English
;Platform:        Windows 7
;Author:          Thinkerbang
;
;Script Function:
;    Plays with the calculator.
;

;声明两个待计算变量且完成赋值
$ one = 10
$ two = 20

;调用函数 Add()，且将两个实参传递过去，使用变量 $ result 接收返回的计算结果
$ result = Add( $ one, $ two)
MsgBox(0, "函数计算", $ one & " + " & $ two & " 的结果是:"& $ result)

;结束整个程序运行
Exit

;定义函数内容
Func Add( $ one, $ two)
     $ value = $ one + $ two
     Return $ value
EndFunc
```

自动化测试过程中，当定义的辅助函数过多时，可以将它们提取为文件。当脚本使用这些函数时选择导入文件的方式使用所定义的函数。首先定义功能函数文件，代码如下：

```
;第6章/Func_calc.au3
;
;AutoIt Version: 3.0
;Language:       English
;Platform:       Windows 7
;Author:         Thinkerbang
;
;Script Function:
;    Plays with the calculator.
;

;定义功能并实现两数相加的函数内容
Func Add( $ one, $ two)
    $ value = $ one + $ two
    Return $ value
EndFunc

;定义功能并实现两数相减的函数内容
Func Sub( $ one, $ two)
    $ value = $ one - $ two
    Return $ value
EndFunc

;定义功能并实现两数相乘的函数内容
Func Mul( $ one, $ two)
    $ value = $ one * $ two
    Return $ value
EndFunc

;定义功能并实现两数相除的函数内容
Func Div( $ one, $ two)
    $ value = $ one / $ two
    Return $ value
EndFunc
```

在 AutoIt 的脚本中，可通过 #include 命令包含其他脚本文件。如果用户函数（脚本）重复包含同一文件，将出现 Duplicate function（重复函数）错误。编写包含文件时最好在首行添加一句 #include-once，以避免文件被重复包含。文件包含时需要注意以下几点情况。

（1）包含到当前脚本的文件名、路径可选。文件名必须是字符串，不能是变量。

（2）如果使用双引号 "..."，则从当前脚本目录开始查找该文件。

第6章 基于Window自动化程序AutoIt应用

（3）如果使用尖括号 <...>，则从包含文件库目录中查找该文件。

接下来实现运算脚本，代码如下：

```
;第6章/Func_run.au3
;
;AutoIt Version: 3.0
;Language:        English
;Platform:        Windows 7
;Author:          Thinkerbang
;
;Script Function:
;    Plays with the calculator.
;

;调用只包含一次关键字
#include-once

;将功能函数文件包含进来
#include "Func_calc.au3"

;声明两个待计算变量且完成赋值
$one = 10
$two = 20

;调用函数 Add()，且将两个实参传递过去，使用变量$result接收返回的计算结果
$result = Add($one, $two)
MsgBox(0, "函数计算", $one & " + " & $two & " 的结果是:" & $result)

;调用函数 Sub()，且将两个实参传递过去，使用变量$result接收返回的计算结果
$result = Sub($one, $two)
MsgBox(0, "函数计算", $one & " - " & $two & " 的结果是:" & $result)

;调用函数 Mul()，且将两个实参传递过去，使用变量$result接收返回的计算结果
$result = Mul($one, $two)
MsgBox(0, "函数计算", $one & " * " & $two & " 的结果是:" & $result)

;调用函数 Div()，且将两个实参传递过去，使用变量$result接收返回的计算结果
$result = Div($one, $two)
MsgBox(0, "函数计算", $one & " / " & $two & " 的结果是:" & $result)

;结束整个程序运行
Exit /
```

2．内置函数

内置函数为 AutoIt 程序预设的库函数，在前面的测试代码中所使用到的函数基本都是

AutoIt 的内置函数,例如 MsgBox()。通常在使用内置函数时不需要进行包含操作。下面列举一些常见的内置函数,如表 6-2 所示。更多内置函数的使用见 AutoIt 帮助文档。

表 6-2 常用 AutoIt 内置函数

函数名称	函数功能
文件相关内置函数	
FileChangeDir	更改当前工作目录
FileClose	关闭打开的文本文件
FileCopy	复制一个或多个文件
FileDelete	删除一个或多个文件
FileExists	检查文件或目录是否存在
FileGetEncoding	检测文件的文本编码
FileGetLongName	返回完整路径名称
FileGetPos	检索当前文件的位置
FileGetShortcut	获取快捷方式的详细资料
FileOpen	打开文本文件以供读写
FileRead	读取打开的文本文件中指定数量的字符
FileReadLine	读取文本文件指定行的文本
FileRecycle	删除文件或目录到回收站
FileSaveDialog	启动保存文件对话框
FileSelectFolder	启动浏览文件夹对话框
FileSetAttrib	设置一个或多个文件的属性
FileSetPos	设置当前文件的位置
FileSetTime	设置一个或多个文件的时间戳
FileWrite	添加文本/数据到打开的文件
FileWriteLine	添加一行文本到打开的文本文件尾部
消息与对话框相关内置函数	
函数名称	函数功能
InputBox	显示用户数据输入框
MsgBox	显示可选超时的简单消息框
SplashTextOn	创建自定义文本弹出窗口
键盘相关内置函数	
函数名称	函数功能
HotKeySet	设置调用用户函数的热键
Send	发送模拟键击操作到激活窗口
SendKeepActive	使用 Send() 函数时,保持窗口激活状态
数学相关内置函数	
函数名称	函数功能
Random	产生浮点型伪随机数
Round	返回数值舍入到指定小数位的值
Abs	计算数的绝对值

鼠标相关内置函数	
函数名称	函数功能
MouseClick	执行鼠标单击操作
MouseClickDrag	执行鼠标单击并拖动操作
MouseDown	执行鼠标当前位置的按下事件
MouseGetCursor	返回当前鼠标光标的 ID
MouseGetPos	获取鼠标的当前坐标位置
MouseMove	移动鼠标
MouseUp	执行鼠标当前位置的释放事件
MouseWheel	执行鼠标滚轮向上或向下滚动事件
字符串相关内置函数	
函数名称	函数功能
StringCompare	比较两个字符串
StringInStr	检查字符串是否包含指定的子串
StringIsAlNum	检查字符串是否仅包含字母、数字字符
StringIsAlpha	检查字符串是否仅包含字母字符
StringIsASCII	检查字符串是否包含 0x00～0x7f(0～127)之间的 ASCII 字符
StringIsDigit	检查字符串是否仅包含数字(0～9)字符

6.4.4 宏指令

AutoIt 提供了一些 Macros(宏指令)。宏指令是 AutoIt 中具有只读属性的特殊变量，可以简单理解为系统常量。宏指令首位字符为 @，与变量前的 $ 字符很容易区分。

可以像普通的变量一样在表达式中使用它们，但不能进行赋值操作。AutoIt 常用的宏指令如表 6-3 所示。

表 6-3　常用宏指令

宏指令	说　　明
@AppDataCommonDir	［Application Data］文件夹路径
@AppDataDir	当前用户［Application Data］文件夹路径
@ComputerName	计算机的网络名称
@DesktopHeight	桌面屏幕高度像素值(垂直分辨率)
@DesktopWidth	桌面屏幕宽度像素值(水平分辨率)
@error	错误标志的状态
@exitCode	为 Exit 设置的退出代码
@HomeDrive	当前用户主目录所在驱动器号

续表

宏指令	说明
@HOUR	24时制的小时值。范围：00～23
@MDAY	月份的天数值。范围：01～31
@MIN	时钟的分钟值。范围：00～59
@MON	月份值。范围：01～12
@MSEC	时钟的毫秒值。范围：00～999
@ScriptDir	当前运行脚本的目录（不包含尾随反斜杠）
@ScriptName	当前运行脚本的文件名
@SEC	时钟的秒值。范围：00～59
@StartMenuCommonDir	［开始菜单］文件夹路径
@StartMenuDir	当前用户［开始菜单］文件夹路径
@StartupCommonDir	［开始 菜单\程序\启动］文件夹路径
@StartupDir	当前用户［开始 菜单\程序\启动］文件夹路径
@SW_DISABLE	禁用窗口
@SW_ENABLE	启用窗口
@SW_SHOW	激活窗口，并显示当前大小和位置
@SW_SHOWDEFAULT	设置启动的应用程序以 SW_值的状态值显示
@SW_SHOWMAXIMIZED	激活窗口，并显示为最大化窗口
@SW_SHOWMINIMIZED	激活窗口，并显示为最小化窗口
@TRAY_ID	在 TraySet(Item)事件动作时，最后单击的项目标识符
@UserName	当前登录的用户名称
@WDAY	星期值。范围：1～7，对应于星期日到星期六
@WindowsDir	［Windows］文件夹路径，如 C:\Windows
@WorkingDir	当前/激活的工作目录（不包括结尾的反斜杠符号）
@YDAY	当天为该年的第几天
@YEAR	当前年份（4位数）

6.5 AutoIt 应用案例

AutoIt 的基本使用方法和知识点讲解完了。接下来读者需要通过练习来巩固本章所讲解的内容。关于 AutoIt 对 Selenium 的辅助操作案例，会放在第 7 章文件上传下载案例里进行演示。

本节所选择的 3 个应用案例均为 AutoIt 自带示例，部分实现过程与注释经过修正，方便读者练习时使用。AutoIt 自带示例可以使读者很快掌握这款基于 Window 的 UI 自动化测试工具。

6.5.1　Notepad 案例

在 Notepad 案例中实现对记事本的操作过程，代码如下：

```
;第 6 章/Notepad.au3
;
;AutoIt Version: 3.0
;Language:       English
;Platform:       Windows 7
;Author:         Thinkerbang
;
;Script Function:
;    Opens Notepad, types in some text and then quits.
;

;弹出提示窗,选择是与否,如果选择否,则脚本自动中止
Local $answer = MsgBox(4, "AutoIt 例子(中文)", "这个例子会在运行记事本后输入一些文字并退出。运行?")

;判断选择项,选择"否"按钮的 ID 为 7,选择"是"按钮的 ID 为 6
If $answer = 7 Then
    MsgBox(0, "AutoIt", "好的,再见!")
    Exit
EndIf

;运行记事本程序 Notepad
Run("notepad.exe")

;当 Notepad 窗口出现时,将程序窗口置为激活状态
WinWaitActive("[CLASS:Notepad]")

;设置自动输入的时间间隔为 400ms
AutoItSetOption("SendKeyDelay", 400)

;在当前记事本中输入一些文字
Send("Hello from Notepad.{ENTER}1 2 3 4 5 6 7 8 9 10{ENTER}")
Sleep(500)
Send("+{UP 2}")
Sleep(500)

;按下 Alt+F 键打开"文件"菜单,选择"离开"项(File menu -> Exit)
Send("!f")
Send("x")

;在弹出保存询问对话框时,选择不保存
```

```
WinWaitActive("记事本", "不保存")
Send("n")

;等待记事本程序窗口关闭
WinWaitClose("[CLASS:Notepad]")

;程序运行结束!
```

6.5.2 Inputbox 案例

Inputbox 案例中实现弹窗输入过程,代码如下:

```
;第 6 章/Inputbox.au3
;
;AutoIt Version: 3.0
;Language:       English
;Platform:       Windows 7
;Author:         Thinkerbang
;
;Script Function:
;   Demonstrates the InputBox, looping and the use of @error.
;

;弹出提示窗,选择是与否,如果选择否,则脚本自动中止
Local $answer = MsgBox(4, "AutoIt 例子 (英文 + 系统的语言)", "这个脚本打开一个输入框,并要求你输入一些文本。运行?")

;判断选择项,选择"否"按钮的 ID 为 7,选择"是"按钮的 ID 为 6
If $answer = 7 Then
    MsgBox(4096, "AutoIt", "好的,再见!")
    Exit
EndIf

;循环执行,直到用户输入"thesnow",提交后中止
Local $bLoop = 1
While $bLoop = 1
    Local $text = InputBox("AutoIt 例子", "请输入:""思课帮"" 并单击"确定"按钮")
    If @error = 1 Then
        MsgBox(4096, "错误", "你按下了 '取消' - 请重试!")
    Else
        ;判断用户输入内容的正确性
        If $text <> "思课帮" Then
            MsgBox(4096, "错误", "难道你不知道网易云课堂的"思课帮"吗? - 请重试!")
        Else
```

```
            $bLoop = 0 ;终止循环
        EndIf
    EndIf
WEnd

;打印输入成功消息
MsgBox(4096,"AutoIt 例子", "你输入了正确的单词! 恭喜。")

;程序运行结束!
```

第 7 章 WebDriver API 高级应用案例

本章主要内容侧重于自动化测试过程中会遇到的技术难点。没有一个 Web 软件能概括所有测试难点，因此在本章实战案例演示时会选用不同的互联网软件。在自动化测试框架管理之前的内容中，本章是一个技术重点。为了使读者练习时思路清晰，自动化脚本实现过程会有很多验证细节。在实际工作环境中运行测试脚本时这些细节可以省略掉。

7.1 Handles（句柄）跳转案例

当浏览器打开多个页面，并且自动化脚本操作需要跨页面进行时，通常无法直接完成操作，这是因为驱动打开浏览器时，当前页面焦点始终停留在第 1 个页面上。

浏览器在页面标签打开时，会为每个页面分配一个 Handles（句柄）。页面的句柄在当前运行浏览器中是唯一的，类似于 ID 号。需要对非当前页面进行操作时，需要进行页面的句柄切换。每个浏览器生成句柄的规则并不一样，但其作用却是相同的。句柄样式主要有以下 3 种类型。

(1) FireFox 浏览器生成的句柄：['10']。
(2) Chrome 浏览器生成的句柄：['CDwindow-6B415FF6B4FCD3CE8FE8E']。
(3) IE 浏览器生成的句柄：['a6980450-a167-4dfe-b377-7ca7b4c92f1f']。

7.1.1 浏览器句柄切换实例

以百度新闻页为例，对句柄的使用方法进行演示，代码如下：

```
#第 7 章/Handles_news.py
from selenium import webdriver
from time import sleep

#声明 Chrome 浏览器驱动
driver = webdriver.Chrome()
#打开百度新闻首页
driver.get("http://news.baidu.com/")
```

```python
sleep(2)

# 单击打开当日热点要闻的新闻头条,热点新闻头条会以新页面的方式打开
driver.find_element_by_xpath('//*[@id="pane-news"]/div/ul/li[1]/strong/a').click()
sleep(2)

# 获取所有句柄,并打印出来
all_handles = driver.window_handles
print(all_handles)

# 获取当前页句柄,并打印
current_handle = driver.current_window_handle
print(current_handle)
sleep(2)

# 切换至最新打开页句柄,可用循环完成页面切换判断
for handle in all_handles:
    # 判断 handle 是否为当前页面
    if handle != current_handle:
        # 切换句柄
        driver.switch_to.window(handle)
        # 更新当前句柄变量值
        current_handle = handle
        print('切换句柄完成!')

# 验证当前页面
print(driver.title)

# 完成当前页面断言
# 编写此段脚本时,热点新闻头条是:寄语广大高校毕业生
assert "寄语广大高校毕业生" in driver.page_source

# 关闭当前页面
# 注意,close()用于关闭当前页面,quit()用于关闭浏览器驱动
driver.close()
sleep(2)

# 切换回百度新闻首页
for handle in all_handles:
    # 判断 handle 是否为当前页面
    if handle != current_handle:
        # 切换句柄
        driver.switch_to.window(handle)
        print('切换句柄完成!')
```

```python
# 验证当前页面
print(driver.title)
sleep(2)

driver.quit()
```

7.1.2 百度首页登录实例

在百度首页单击"登录"按钮后,登录页面是一个透明弹窗。单击登录弹窗中的"立即注册"按钮,在新的注册页面输入注册信息,最后依次关闭页面内容,代码如下:

```python
# 第7章/Handles_baidu_login.py
from selenium import webdriver
from time import sleep

driver = webdriver.Chrome()
driver.get("http://www.baidu.com/")

# 记录当前窗口句柄
current_handle = driver.current_window_handle
sleep(2)

# 全屏浏览器,"登录"按钮在最右侧,驱动无法对不可视元素进行click()操作
driver.maximize_window()
sleep(2)
# 打开登录页面
driver.find_element_by_xpath('//*[@id="u1"]/a[2]').click()

# 智能等待几秒
driver.implicitly_wait(10)

# 单击"立即注册"按钮,打开注册页面
driver.find_element_by_link_text("立即注册").click()

# 得到所有窗口句柄
all_handles = driver.window_handles

# 切换至注册页面句柄
for handle in all_handles:
    # 判断handle是否为当前页面
    if handle != current_handle:
        # 切换句柄
        driver.switch_to.window(handle)
        # 更新当前句柄变量值
```

```python
            current_handle = handle
            print('切换句柄完成,此时当前页面为注册页!')

# 验证当前所处页面
print(driver.title)
sleep(2)

# 在注册页面前两项输入用户名和手机号
driver.find_element_by_name("userName").send_keys('Thinkerbang')
sleep(2)
driver.find_element_by_name('phone').send_keys('15811595380')
sleep(2)

# 关闭注册页面
driver.close()
sleep(2)

# 切换回百度首页
for handle in all_handles:
    # 判断handle是否为当前页面
    if handle != current_handle:
        # 切换句柄
        driver.switch_to.window(handle)
        print('切换句柄完成!')

# 关闭登录弹窗
driver.find_element_by_id('TANGRAM__PSP_4__closeBtn').click()
sleep(2)

driver.quit()
```

7.2 浮动框定位操作案例

浮动框是对 Web 页面操作时的一类特殊对象。这些浮动框通常由下拉菜单或列表项组成,当鼠标经过这些组成项或进行一些特定操作时会被触发,但这类控件在触发前无法完成定位操作。本节主要针对此类控件的两种常见情况进行实例讲解。

7.2.1 搜索页面下拉列表框实例

搜索页面下拉列表框主要的表现形式有两种:第 1 种是当输入光标定位至搜索框时,出现下拉推荐列表框,列表框内容为随机值,触发前在页面中无显示;第 2 种是输入光标定位至搜索框后,当输入待搜索内容时推荐内容会出现在智能匹配内容下拉列表框中。

接下来以搜狗搜索页的下拉列表框为例进行演示，如图 7.1 所示。

图 7.1　搜狗搜索热搜推荐

对下拉列表框操作进行案例演示，如代码如下：

```python
#第 7 章/List_sogou.py
from selenium import webdriver
from time import sleep
from selenium.webdriver.common.keys import Keys
from random import randint

driver = webdriver.Chrome()
driver.get('http://www.sogou.com/')

#将光标定位至输入框内,弹出热搜推荐
driver.find_element_by_xpath('//*[@id="query"]').click()
sleep(2)
#无法定位随机热词内容,通过键盘上下键完成随机定位
driver.find_element_by_xpath('//*[@id="query"]').send_keys(Keys.ARROW_DOWN)

#第一次移动光标时默认第 4 个热词,共 10 条推荐,因此随机范围为[-3,6]
num = randint(-3, 6)

#通过 if 对不同随机值进行判断
#下面所示的循环按钮方式只是为了便于理解,练习时可进行优化
if num > 0:
    for i in range(num):
        driver.find_element_by_xpath('//*[@id="query"]').send_keys(Keys.ARROW_DOWN)
        sleep(1)
```

```python
        driver.find_element_by_xpath('//*[@id="query"]').send_keys(Keys.ENTER)
elif num < 0:
    for i in range(abs(num)):
        driver.find_element_by_xpath('//*[@id="query"]').send_keys(Keys.ARROW_DOWN)
        sleep(1)
        driver.find_element_by_xpath('//*[@id="query"]').send_keys(Keys.ENTER)
else:
    driver.find_element_by_xpath('//*[@id="query"]').send_keys(Keys.ENTER)

sleep(2)

driver.quit()
```

7.2.2　地区定位下拉列表框实例

地区定位下拉列表框和页面菜单项通常由移动触发，在第 4 章元素定位示例中讲过这类定位的操作方法，当时是以单击目标项的方式进操作。有些网站的菜单项是当鼠标经过时弹出，鼠标按下时收起，因此本节实例中以京东首页为例，将鼠标移动至目标元素，完成定位操作，修改之前的代码，代码如下：

```python
#第7章/List_jd.py
from selenium import webdriver
from time import sleep
from selenium.webdriver.common.action_chains import ActionChains
from random import randint

driver = webdriver.Chrome()
driver.get('http://www.jd.com/')

#定位到需要鼠标移动的目标元素
element = driver.find_element_by_xpath('//*[@id="areamini"]/span')
#声明 ActionChains 对象
chains = ActionChains(driver)
#将鼠标移动至目标元素
chains.move_to_element(element).perform()
sleep(2)

#以地名方式随机切换
areas = ['北京', '天津', '河北', '河南', '湖北', '湖南']
num = randint(0, len(areas) - 1)
#此处借用这个示例再次练习元素定位的技巧
driver.find_element_by_xpath(
    '//div[@class="ui-areamini-content-list"]/child::div/a[text()="' + areas[num] +
'"]').click()
```

```
sleep(2)

#以序号方式随机切换
#num = randint(1,35)
#driver.find_element_by_xpath('//div[@class = "ui-areamini-content-list"]/child::div/a[@data-id = "' + str(num) + '"]').click()
#sleep(2)

driver.quit()
```

7.3 Window 弹窗操作案例

对 Web 页面进行操作时出现的弹窗类型有 3 种：页面模拟、JavaScript 弹窗、Window 弹窗。前两种情况在自动化脚本中有直接操作的解决方案。第 3 种 Window 弹窗，Selenium 无法直接对其进行操作。在第 6 章讲解了窗口自动化解决方案 AutoIt。本节内容主要是演示 Selenium 与 AutoIt 配合使用的示例。

7.3.1 文件上传

对于文件上传操作来讲，最关键的步骤是弹出 Window 窗口部分，以 http://sahitest.com/demo/php/fileUpload.htm 上传示例页面为例，如图 7.2 所示。

图 7.2 upload 上传文件示例页面

使用 AutoIt 来完成打开窗口的操作，代码如下：

```
;第 7 章/upload.au3
    #cs ----------------------------------------------------------

AutoIt Version: 3.3.14.5
Author:        Thinkerbang

Script Function:
    Upload popup window operation AutoIt script.

#ce -----------------------------------------------------------

;当 title 为"打开"的窗口出现时,将程序窗口置为激活状态
WinWaitActive("打开")
Sleep(2000)

;窗口打开后光标默认定位在输入窗口,此处无须其他动作
;直接输入文件的完整路径
Send("C:\Users\Demon\Documents\少年.txt")
Sleep(2000)

;输入回车键完成操作
Send("{ENTER}")

Sleep(1000)

;脚本执行完成!
```

首先将 AutoIt 源文件转换成 .exe 可执行文件备用,然后使用 Selenium 完成 Web 页中的其他操作,代码如下:

```
#第 7 章/Popup_upload.py
from selenium import webdriver
from time import sleep
import os

driver = webdriver.Chrome()
driver.get('http://sahitest.com/demo/php/fileUpload.htm')
sleep(2)

#单击"文件"按钮
driver.find_element_by_xpath('//*[@id="file"]').click()
sleep(2)

#使用 excute 命令执行 AutoIt 生成.exe 文件
os.system(os.getcwd() + "\\upload.exe")
```

```
#单击"上传"按钮,完成文件上传操作
#如果按钮元素属性不唯一,则需要使用find_elements方式获取,然后使用第一个
driver.find_elements_by_xpath('//*[@name="submit"]')[0].click()
sleep(2)

#断言上传结果,判断是否上传成功
text = driver.find_element_by_xpath('//*[@id="file"]').text
assert '少年.txt', text

driver.quit()
```

7.3.2 文件下载

目前多数浏览器在执行下载任务时已不再弹出 Window 窗口,默认自动保存在浏览器指定的下载目录下。本实例需提前设置下载询问弹窗,以便每次下载时询问。以 Chrome 浏览器演示下载询问弹窗示例,下载弹窗如图 7.3 所示。

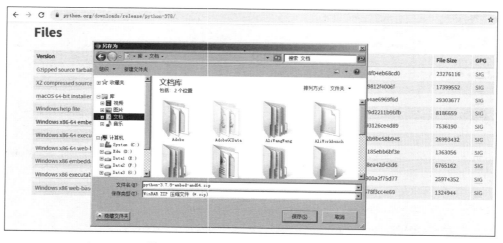

图 7.3 Chrome 浏览器的下载询问窗口

下面是针对下载弹窗的 AutoIt 脚本,代码如下:

```
;第 7 章/download.au3
#cs ----------------------------------------------------------------------

AutoIt Version: 3.3.14.5
Author:         Thinkerbang

Script Function:
    Download popup window operation AutoIt script.
```

```
# ce ------------------------------------------------------------

;当 title 为"另存为"的窗口出现时,将程序窗口置为激活状态
WinWaitActive("另存为")
Sleep(2000)

;将文件保存至 D 盘根目录下并重命名为 text.zip
Send("D:\test.zip")
Sleep(1)

;回车进行保存操作,若焦点不在保存选项,可按 Tab 键进行焦点调整
;Send("{ENTER}")

;另一种确定方法,使用 ControlClick 单击弹窗中的"保存"按钮
ControlClick("另存为","","[TEXT:保存(&S)]")

Sleep(2000)

;脚本执行完成!
```

将 AutoIt 脚本转换成 .exe 文件后,在 Selenium 下实现完整下载过程,代码如下:

```
#第7章/Popup_download.py
from selenium import webdriver
from selenium.webdriver.common.action_chains import ActionChains
from selenium.webdriver.common.keys import Keys
from time import sleep
from pathlib import Path
import os
import pyautogui

driver = webdriver.Chrome()
driver.get('https://www.python.org/downloads/release/python-378/')
sleep(2)

#通过定位元素的方式移动至文件下载列表位置
#注意,此方法不适用于 FireFox 浏览器
text = driver.find_element_by_xpath('//a[text() = "Windows x86-64 embeddable zip file"]')
action = ActionChains(driver)
action.move_to_element(text).perform()
sleep(2)

#右击待下载文件的超链接
action.context_click(text).perform()
```

```
    sleep(2)
    action.send_keys(Keys.ARROW_DOWN)
    sleep(2)

    # 在弹出的快捷菜单中选择"链接另存为"选项
    for i in range(4):
        # 此处引入'pyautogui'模块,down 与 Keys.ARROW_DOWN 的作用相同
        pyautogui.typewrite(['down'])
        sleep(1)

    # 'return'的作用与 Keys.ENTER 的作用相同
    pyautogui.typewrite(['return'])
    sleep(2)

    # 使用 os.system 命令执行 AutoIt 以便生成 download.exe 文件
    os.system(os.getcwd() + "\\download.exe")
    sleep(2)

    # 断言文件是否下载成功
    my_file = Path("D:/text.zip")
    assert my_file, True

    driver.quit()/
```

7.4 基于 iframe 框架的操作案例

在 Web 自动化测试过程中有时会遇到的另一种情形是基于 frame 或 iframe 框架的页面嵌套。以 iframe 为例,在同一个页面中,若出现 iframe 嵌套的情况,则内层页面元素无法被直接定位,此时需要先定位到 iframe 标签元素,然后向内进行跳转操作。

下面来看一段与 iframe 有关的 HTML 简化版代码,代码如下:

```
<!-- 第 7 章/Iframe.html -->
<html>
    <head></head>
    <body>
        <div>
            <iframe id = 'iframe-test'>
                <html>
                    <head></head>
                    <body>
                        <div>
                            <input id = 'input',type = "text">
                        </div>
```

```
                        </body>
                    </html>
                </iframe>
            </div>
        </body>
    </html>
```

从以上代码可以看出,需要定位的元素位于一个 iframe 框架中,虽然 input 在整个页面中唯一,但是在不跳转的情况下会定位失败。完成 input 元素的定位操作,代码如下:

```python
#第7章/Iframe_test.py
from selenium import webdriver
from time import sleep

driver = webdriver.Chrome()

#打开离线页面
driver.get('D:/PO_test/book07/Iframe.html')

#定位 iframe 框架元素
iframe = driver.find_elements_by_xpath('//iframe[@id="iframe-test"]')

#向内跳转至 iframe 框架内
driver.switch_to.frame(iframe[0])
sleep(2)
driver.find_element_by_xpath('//input[@id="input"]').click()

#向外跳转至顶层页面
driver.switch_to.default_content()

driver.quit()
```

7.4.1 动态属性定位

在 4.4.4 节对 XPath 元素进行模糊定位时讲过动态元素属性的定位方法。本节以 126 邮箱登录页为例,示例完成在账户文本框中输入邮箱账号,演示动态元素定位及 iframe 框架元素定位的几种策略,代码如下:

```python
#第7章/Iframe_126mail_login1.py
from selenium import webdriver
from time import sleep

driver = webdriver.Chrome()
```

```python
driver.get('http://mail.126.com/')
sleep(2)

#126 邮箱登录页面中共有两个 iframe 框架,账号输入框位于第一个 iframe 中
#方法一:以 iframe 动态属性模糊定位方式获取一组 iframe
iframe = driver.find_elements_by_xpath('//iframe[starts-with(@id,"x-URS-iframe")]')
print('以动态属性模糊定位方式获取 % d 组 iframe' % len(iframe))
driver.switch_to.frame(iframe[0])

#输入邮箱账号
driver.find_element_by_xpath('//*[@name="email"]').send_keys('Thinkerbang_test1')
sleep(2)

#切回顶级页面
driver.switch_to.default_content()
sleep(2)

#方法二:以 iframe 标签定位方式获取三组 iframe
#tag_name 方法很少用到,这是因为页面中相同标签过多
#此示例中只有两对 iframe 标记对
iframe = driver.find_elements_by_tag_name('iframe')
print('标签定位方式获取 % d 组 iframe' % len(iframe))
driver.switch_to.frame(iframe[0])

#输入邮箱账号
driver.find_element_by_xpath('//*[@name="email"]').clear()
driver.find_element_by_xpath('//*[@name="email"]').send_keys('Thinkerbang_test2')
sleep(2)

driver.quit()

#此例中只有 1 个 iframe 的 id 值为动态属性值,因此第 1 种方法只定位出一组 iframe
#页面中共有 3 个 iframe 标记对,因此第 2 种方法可以定位出 3 组 iframe
```

7.4.2 邮箱登录实例

本节实例承接 7.4.1 节,自动化完成 126 邮箱登录、写信、发送流程,代码如下:

```python
#第 7 章/Iframe_126mail_login2.py
from selenium import webdriver
from time import sleep

driver = webdriver.Chrome()
driver.get('http://mail.126.com/')
driver.maximize_window()
```

```python
sleep(2)

iframe = driver.find_elements_by_xpath('//iframe[starts-with(@id,"x-URS-iframe")]')
print('以动态属性模糊定位方式获取%d组 iframe' % len(iframe))
driver.switch_to.frame(iframe[0])

#输入邮箱账号
driver.find_element_by_xpath('//*[@name="email"]').send_keys('Thinkerbang')
sleep(2)
#输入邮箱密码
driver.find_element_by_xpath('//*[@name="password"]').send_keys('12345678')
sleep(2)
#单击"登录"按钮
driver.find_element_by_xpath('//*[@id="dologin"]').click()
sleep(2)

#接下来进入邮箱主页面
#单击"写信"按钮
driver.find_element_by_xpath('//li[@id="_mail_component_137_137"]').click()
sleep(2)

#输入收件人邮箱地址
#初次进入写信页面会有一个附件提示框,需要先行关闭
driver.find_element_by_xpath('//*[@id="_mail_layer_0_303"]/span[1]').click()
sleep(2)

#由于光标默认在邮件正文处,并且正文标记对在 iframe 框架内,因此需要先回到顶级页面
driver.switch_to.default_content()
sleep(1)

#输入收件人信息
driver.find_element_by_xpath('//input[@class="nui-editableAddr-ipt"]').send_keys
('Thinkerbang@qq.com')
sleep(2)

#输入邮件主题
subject = driver.find_elements_by_xpath('//input[@class="nui-ipt-input"]')
subject[2].send_keys('test_mail')
sleep(2)

#切换 iframe 标签
iframe = driver.find_elements_by_xpath('//iframe[@class="APP-editor-iframe"]')
driver.switch_to.frame(iframe[0])
print(len(iframe))
sleep(2)
```

```python
#输入邮件正文内容
driver.find_element_by_xpath('/html/body').send_keys('This is text.')
sleep(2)
#切回顶级页面
driver.switch_to.default_content()

#单击"发送"按钮发送邮件
driver.find_element_by_xpath('//div[@class = "nui-toolbar-item"]/div/span[2]').click()
sleep(2)

driver.quit()
```

7.5 断言相关操作案例

Selenium 模块中没有断言方法，因此在使用 Selenium 编写 Web 自动化脚本时需借用 Python 自带的 assert 断言方法。Python 下的断言关键字 assert 有两种使用方法：assert expression 和 assert expression1，expression2。

在 assert expression 方法中，expression 的值可为 True 或者 False，当取值为 True 时断言通过，当取值为 False 时断言失败。

在 assert expression1，expression2 方法中，需要比较 expression1 与 expression2 的值是否相同，如果相同则断言通过，反之则断言失败。两种断言方法的使用示例，代码如下：

```python
#第7章/Assert_example.py
from selenium import webdriver
from time import sleep

driver = webdriver.Chrome()
driver.get('http://www.baidu.com/')
sleep(2)

#定位百度首页 Footer 处"关于百度"元素
check1 = driver.find_element_by_xpath('//*[@id = "bottom_layer"]/div[1]/p[2]/a')

#断言"关于百度"元素是否存在
assert check1

#获取首页 title 内容
check2 = driver.title

#断言首页 title 内容是否为"百度一下,你就知道"
assert check2,'百度一下,你就知道'

driver.quit()
```

7.5.1 断言失败截屏

在自动化脚本执行过程中，遇到断言失败时脚本会终止运行。这个问题可以通过两种方式解决：一是自定义断言失败方法，通过 try…except 的方式抛出自定义断言失败处理结果；二是通过框架方式解决，unittest 框架中的用例管理部分已经有这部分的解决方案，会在第 8 章讲解。

由于自动化脚本的运行过程是无人值守的，有时仅仅依靠断言消息无法准确判断出用例执行失败的具体情况，这时可以使用截屏的方式进行辅助判断。Selenium 中有两种屏幕截取方式：get_screenshot_as_file()、save_screenshot()。

此处重点演示两种截图方法的使用，可以先忽略断言实现，在 unittest 部分会将截图与断言结合使用，代码如下：

```python
#第 7 章/Image_screenshot.py
from selenium import webdriver
from time import sleep

driver = webdriver.Chrome()
driver.get('http://www.baidu.com/')
sleep(2)

#截屏方法一:保存截图为文件
#获取当前 Window 的截图,如果出现 IOError,则返回值为 false,如果截图成功,则返回值为 true
driver.get_screenshot_as_file('./test1.png')

#方法一:断言截屏应用示例
check = driver.title == '百度一下'
if not check:
    driver.get_screenshot_as_file('./screenshot1.png')

#截屏方法二:保存截图为文件
driver.save_screenshot('./test2.png')

#方法二:断言截屏应用示例
check = driver.title == '百度一下'
if not check:
    driver.save_screenshot('./screenshot2.png')

driver.quit()
```

7.5.2 图像对比断言

还有一类特殊的断言情况，其执行结果显示为图像，这时需要比对预期图像与实际图像的相似度，以此来断言用例执行结果，Selenium 中未提供这部分的扩展功能，需要预装一下 Pillow 工具。在命令提示窗口输入 pip install pillow 命令进行安装。通过 Pillow 创建图像对比工具类，代码如下：

```python
#第7章/Pillow_tools.py
from PIL import Image


class Contrast_tools():

    def init_image(self, img, size=(256, 256)):
        #将图片初始化成固定大小,再转换成 RGB 模式
        #图像越大,后期对比速度越慢
        return img.resize(size).convert('RGB')

    def split_image(self, img, part_size=(64, 64)):
        #将图片按给定大小切分
        w, h = img.size
        pw, ph = part_size
        assert w % pw == h % ph == 0
        return [img.crop((i, j, i + pw, j + ph)).copy() \
            for i in range(0, w, pw) for j in range(0, h, ph)]

    def hist_similar(self, lh, rh):
        #统计切分后每部分图片的相似度频率曲线
        assert len(lh) == len(rh)
        return sum(1 - (0 if l == r else float(abs(l - r)) / max(l, r)) \
            for l, r in zip(lh, rh)) / len(lh)

    def calc_similar(self, li, ri):
        #计算两张图片的相似度
        return sum(self.hist_similar(l.histogram(), r.histogram()) \
            for l, r in zip(self.split_image(li), self.split_image(ri))) / 16.0

    def calc_similar_by_path(self, lf, rf):
        li, ri = self.init_image(Image.open(lf)), \
            self.init_image(Image.open(rf))
        return self.calc_similar(li, ri)
```

以百度首页与京东首页为例，间隔 3s 截图，然后对前后图像进行比对，代码如下：

```python
#第7章/Image_contrast.py
from selenium import webdriver
from time import sleep
from books07.Pillow_tools import Contrast_tools
```

```python
image_con = Contrast_tools()
driver = webdriver.Chrome()
driver.maximize_window()

# 对比成功示例:百度首页
driver.get("http://www.baidu.com/")
sleep(2)

# 第 1 次截取
driver.save_screenshot("./baidu1.png")
sleep(3)

# 间隔 3s 后第 2 次截取
driver.save_screenshot("./baidu2.png")

# 断言图像匹配,匹配度大于 95% 为通过
check = image_con.calc_similar_by_path('./baidu1.png', './baidu2.png') * 100
try:
    assert check > 95
except Exception as e:
    print('京东首页对比失败,相似度:', check)

# 对比失败示例:京东首页
# 京东首页有滚动 banner,每 2s 变化一次
driver.get("http://www.jd.com/")
sleep(2)

# 第 1 次截取
driver.save_screenshot("./jd1.png")
sleep(3)

# 间隔 3s 后第 2 次截取
driver.save_screenshot("./jd2.png")

# 断言图像匹配,匹配度大于 95% 为通过
check = image_con.calc_similar_by_path('./jd1.png', './jd2.png') * 100
try:
    assert check > 95
except Exception as e:
    print('京东首页对比失败,相似度:', check)

driver.quit()
```

第 8 章 unittest 框架的应用

本章重点介绍 unittest 测试框架的使用。在 UI 自动化测试过程，线性脚本可维护性差，函数化测试脚本在批量用例时维护较麻烦。unittest 自动化测试框架提供了一整套用例管理和维护的方法，也提供了对辅助功能扩展的支持。用户可以在 unittest 框架的基础上融入更多实用功能。

8.1 unittest 介绍

unittest 是众多 Python 单元测试框架中的一种。作为 Python 的标准库，被广泛地用于很多项目中。unittest 有以下几种特性。

（1）可批量运行与管理测试用例。
（2）含有丰富的测试固件。
（3）对第三方辅助插件的支持。
（4）可扩展性强。

8.1.1 unittest 框架的构成

unittest 框架由以下 4 个重要的部分组成。
（1）TestFixture：测试固件。
（2）TestCase：测试用例管理。
（3）TestSuite：测试套件。
（4）TestRunner：测试运行器。

这 4 个部分在 unittest 框架运行过程中各自负责一个自动化测试流程中的功能模块。

TestFixture 部分主要负责对一个测试用例环境的搭建和销毁，主要由 setUp() 和 tearDown() 方法来完成，相当于测试用例执行过程中的前置条件和后置处理。

TestCase 部分是一个完整的测试单元。提供了测试用例执行过程中所需的基本规则和辅助方法，例如用例函数、断言等。

TestSuite 部分是一个用例管理模块。其功能建立在 TestCase 模块的测试用例之上。

主要实现用例的批量添加、用例套件的管理等功能。

TestRunner 部分提供 run()方法来运行 TestCase 或 TestSuite 部分的内容,并提供测试结果的返回功能。

unittest 的这 4 个主要组成模块的关系如图 8.1 所示。

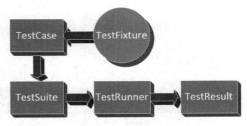

图 8.1　unittest 中模块间关系

8.1.2　第一个 unittest 示例

unittest 运行需要 3 个基本点。首先测试类需要继承 TestCase 类,其次在测试类中至少有 1 条可执行用例,最后需要一个执行入口函数,代码如下:

```python
# 第 8 章/Unittest_example.py
import unittest

# 测试类需继承 unittest.TestCase
class MyTestCase(unittest.TestCase):
    # 以 test 开头的测试用例
    def test_something(self):
        # unittest 自带的断言方法
        self.assertEqual(True, False)

if __name__ == '__main__':
    # 用例执行入口
    unittest.main()
```

在 PyCharm 中使用 unittest 方式执行用例时,不写 unittest.main()用例也可以,因为此方法默认存在。其中,main()方法首先使用 TestLoader 类来搜索所有包含在该模块中并以 test 命名开头的测试方法,然后自动执行这些测试方法。执行方法的默认顺序是:根据 ASCII 码的顺序加载测试用例,数字与字母的顺序为 0～9、A～Z、a～z,所以以 A 开头的测试用例方法会优先执行,以 a 开头的则会后执行。

以百度关键字搜索为例,示例在本章之前所写的测试脚本如何在 unittest 框架中使用,代码如下:

```python
# 第 8 章/Unittest_baidu.py
from selenium import webdriver
from time import sleep
import unittest
```

```python
class Test_Baidu(unittest.TestCase):

    def test_search_cn(self):
        self.driver = webdriver.Chrome()
        self.driver.get('http://www.baidu.com/')
        sleep(2)
        self.driver.find_element_by_xpath('//*[@id="kw"]').send_keys('思课帮')
        sleep(2)
        self.driver.find_element_by_xpath('//*[@id="su"]').click()
        sleep(2)
        self.assertEqual('思课帮_百度搜索', self.driver.title)
        self.driver.quit()

    def test_search_en(self):
        self.driver = webdriver.Chrome()
        self.driver.get('http://www.baidu.com/')
        sleep(2)
        self.driver.find_element_by_xpath('//*[@id="kw"]').send_keys('Thinkerbang')
        sleep(2)
        self.driver.find_element_by_xpath('//*[@id="su"]').click()
        sleep(2)
        self.assertEqual('Thinkerbang_百度搜索', self.driver.title)
        self.driver.quit()

if __name__ == '__main__':
    unittest.main()
```

8.2 TestCase 与 TestFixture 的应用

TestFixture 可以看作 TestCase 的一项辅助功能，主要体现在用例执行时的前置执行函数和后置执行函数上。

8.2.1 用例的执行顺序

在 8.1.2 节提到过，在 unittest 中测试用例需要以 test_ 作为开头，否则 unittest.main() 在运行时无法正确获取执行用例。test_ 后面的命名决定了测试用例运行的顺序。通常以 ASCII 码表里的顺序执行，主要执行规则有以下两条。

（1）优先级从高到低，按首字母 A~Z、a~z 的顺序执行。

（2）首字母相同，则比对第 2 个字母，以此类推。

以上规则建立在所有用例都写在 1 个文件的基础上。若用例分布在多个文件下，则无法直接执行所有用例，此时需要使用 TestSuite 将用例加载为用例集，再使用 TestRunner 中的 run() 方法执行。

8.2.2 TestFixture 的使用

1. setUp()与 tearDown()方法

在代码 Unittest_baidu.py 中,可以看到两条搜索用例在执行时,每条用例都会执行创建浏览器驱动对象,执行结束后再关闭对象。当需要执行多条用例时,就会有大量冗余代码产生。在 unittest 框架中提供了 1 组函数级的方法来解决这个问题,这就是 setUp()与 tearDown()方法。

setUp()方法在每 1 条用例执行前运行 1 次,单条用例运行结束后执行 tearDown()方法,代码如下:

```python
#第8章/Fixture_example.py
import unittest

class MyTestCase(unittest.TestCase):
    def setUp(self):
        print('这是函数级 setUp()')

    def tearDown(self):
        print('这是函数级 tearDown()')

    def test_one(self):
        print('这是第一条用例')

    def test_two(self):
        print('这是第二条用例')


if __name__ == '__main__':
    unittest.main()
/******本示例实现对手机号进行电信运营商及有效内容判断*****/
```

执行结果如图 8.2 所示。

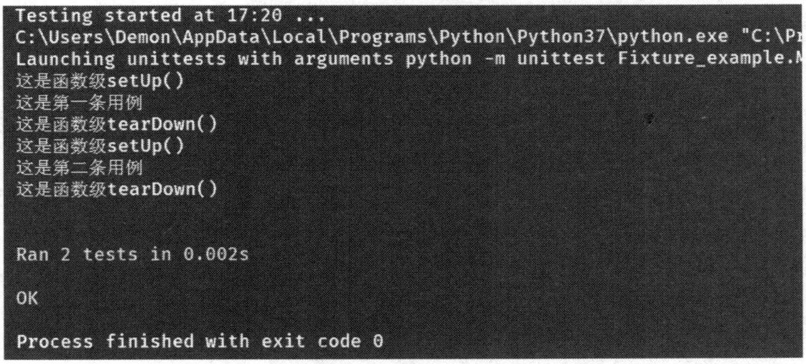

图 8.2　Fixture_example.py 执行结果

接下来将代码 Unittest_baidu.py 进行优化，把 setUp() 和 tearDown() 加入进来，代码如下：

```python
#第8章/Unittest_baidu2.py
from selenium import webdriver
from time import sleep
import unittest

class Test_Baidu(unittest.TestCase):
    def setUp(self):
            self.driver = webdriver.Chrome()
            self.driver.get('http://www.baidu.com/')

    def tearDown(self):
            self.driver.quit()

    def test_search_cn(self):
            self.driver.find_element_by_xpath('//*[@id="kw"]').send_keys('思课帮')
            sleep(2)
            self.driver.find_element_by_xpath('//*[@id="su"]').click()
            sleep(2)
            self.assertEqual('思课帮_百度搜索', self.driver.title)

    def test_search_en(self):
            self.driver.find_element_by_xpath('//*[@id="kw"]').send_keys('Thinkerbang')
            sleep(2)
            self.driver.find_element_by_xpath('//*[@id="su"]').click()
            sleep(2)
            self.assertEqual('Thinkerbang_百度搜索', self.driver.title)

if __name__ == '__main__':
    unittest.main()
```

2. setUpClass() 与 tearDownClass() 方法

在代码 Unittest_baidu2.py 中，每条用例执行前都需要创建 1 次浏览器驱动，打开 1 次网站，用例执行结束后销毁 1 次浏览器驱动对象。在 unittest 框架下，同 1 组执行用例会写在 1 个文件中，代码 Unittest_ baidu2.py 中的代码需进一步优化。这里可以使用 setUpClass() 和 tearDownClass() 类级方法来解决这一问题。setUpClass() 在每个测试类运行前执行 1 次，tearDownClass() 在测试类中当所有用例执行结束后执行 1 次，代码如下：

```python
#第8章/Fixture_example2.py
import unittest

class MyTestCase(unittest.TestCase):
```

```python
    @classmethod
    def setUpClass(cls):
        print('这是类级 setUpClass()')

    @classmethod
    def tearDownClass(cls):
        print('这是类级 tearDownClass()')

    def setUp(self):
        print('这是函数级 setUp()')

    def tearDown(self):
        print('这是函数级 tearDown()')

    def test_one(self):
        print('这是第一条用例')

    def test_two(self):
        print('这是第二条用例')

if __name__ == '__main__':
    unittest.main()
```

执行结果如图 8.3 所示。

```
Testing started at 18:11 ...
C:\Users\Demon\AppData\Local\Programs\Python\Python37\python.exe "C:\Progr
Launching unittests with arguments python -m unittest Fixture_example2.MyT
这是类级setUpClass()这是函数级setUp()
这是第一条用例
这是函数级tearDown()
这是函数级setUp()
这是第二条用例
这是函数级tearDown()
这是类级tearDownClass()

Ran 2 tests in 0.002s

OK

Process finished with exit code 0
```

图 8.3 Fixture_example2.py 执行结果

接下来将代码 Fixture_example2.py 进行优化，把 setUpClass() 和 tearDownClass() 加入进来，代码如下：

```python
#第 8 章/Unittest_baidu3.py
from selenium import webdriver
```

```python
from time import sleep
import unittest

class Test_Baidu(unittest.TestCase):
    @classmethod
    def setUpClass(self):
        self.driver = webdriver.Chrome()

    @classmethod
    def tearDownClass(self):
        self.driver.quit()

    def setUp(self):
        self.driver.get('http://www.baidu.com/')

    def tearDown(self):
        pass

    def test_search_cn(self):
        self.driver.find_element_by_xpath('//*[@id="kw"]').send_keys('思课帮')
        sleep(2)
        self.driver.find_element_by_xpath('//*[@id="su"]').click()
        sleep(2)
        self.assertEqual('思课帮_百度搜索', self.driver.title)

    def test_search_en(self):
        self.driver.find_element_by_xpath('//*[@id="kw"]').send_keys('Thinkerbang')
        sleep(2)
        self.driver.find_element_by_xpath('//*[@id="su"]').click()
        sleep(2)
        self.assertEqual('Thinkerbang_百度搜索', self.driver.title)

if __name__ == '__main__':
    unittest.main()
```

8.3　TestSuite 的应用

TestSuite 是用来创建测试套件的。随着用例数的增加，不同功能模块的用例初始条件也会各不相同，这时将所有用例放在一个文件里显然不合适。PyCharm 下的 unittest 默认只能运行单个文件中的用例。要运行多个文件中的用例，需要先将待运行用例添加到 TestSuite 测试套件中，再使用 TestRunner 类中的 run() 方法批量运行。

8.3.1 测试套件的创建

当执行多个包含测试类文件中的用例时,需要单独创建运行文件,在运行文件中创建测试套件。向测试套件中添加用例的方法有两种:addTest()和addTests()。

首先,创建一个测试包 Case_example,其中包含两个用例文件,第 1 个用例文件定义 TestExample01 用例类,代码如下:

```python
#第8章/test_Suite_case1.py
import unittest

class TestExample01(unittest.TestCase):

    def test_exam01(self):
        print('TestExample01 类下的 test_exam01 用例')

    def test_exam02(self):
        print('TestExample01 类下的 test_exam02 用例')
```

第 2 个用例文件定义 TestExample02 用例类,代码如下:

```python
#第8章/test_Suite_case2.py
import unittest

class TestExample02(unittest.TestCase):

    def test_exam03(self):
        print('TestExample02 类下的 test_exam01 用例')

    def test_exam04(self):
        print('TestExample02 类下的 test_exam02 用例')
```

项目文件结构图如图 8.4 所示。

1. addTest()方法

从图 8.4 可以看到,4 条用例分布在不同文件中,此时需要新建一个运行文件 Suite_run.py,然后在其中创建测试套件对象,使用 addTest()方法逐条将用例添加进测试套件。最后使用 run()方法运行测试套件。此时用例执行的顺序与用例函数的名称无关,而是与使用 addTest()添加进测试套件的顺序有关,代码如下:

图 8.4 文件结构图

```python
#第8章/Suite_run.py
from books08.Case_example.test_Suite_case1 import TestExample01
from books08.Case_example.test_Suite_case2 import TestExample02
import unittest

#创建测试套件 suite
suite = unittest.TestSuite()

#使用 addTest()方法依次添加用例
suite.addTest(TestExample01("test_exam01"))
suite.addTest(TestExample02("test_exam03"))
suite.addTest(TestExample01("test_exam02"))
suite.addTest(TestExample02("test_exam04"))

if __name__ == '__main__':
    #创建测试套件运行器
    runner = unittest.TextTestRunner()
    #调用 run()方法运行 suite 测试套件中的用例
    runner.run(suite)
```

执行结果如图 8.5 所示。

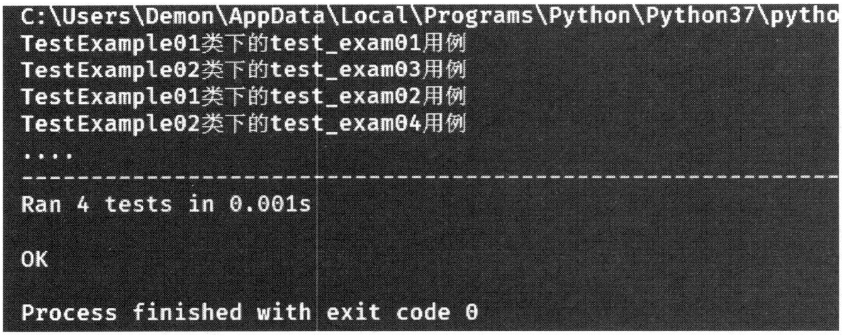

```
C:\Users\Demon\AppData\Local\Programs\Python\Python37\pytho
TestExample01类下的test_exam01用例
TestExample02类下的test_exam03用例
TestExample01类下的test_exam02用例
TestExample02类下的test_exam04用例
....
----------------------------------------------------------
Ran 4 tests in 0.001s

OK

Process finished with exit code 0
```

图 8.5　Suite_run.py 执行结果

从图 8.5 可以看出,用例执行的顺序与 addTest()所添加的用例顺序一致。

2. addTests()方法

当一个用例文件中用例数过多时,逐个使用 addTest()进行添加过于烦琐,这时可以采用 addTests()方法进行用例添加,代码如下:

```python
#第8章/Suite_run2.py
from books08.Case_example.test_Suite_case1 import TestExample01
from books08.Case_example.test_Suite_case2 import TestExample02
import unittest
```

```
#创建测试套件 suite
suite = unittest.TestSuite()

#使用 addTests()方法批量添加用例
#使用 map()对数据进行映射处理
suite.addTests(map(TestExample01, ['test_exam01', 'test_exam02']))
suite.addTests(map(TestExample02, ['test_exam03', 'test_exam04']))

if __name__ == '__main__':
    #创建测试套件运行器
    runner = unittest.TextTestRunner()
    #调用 run()方法运行 suite 测试套件中的用例
    runner.run(suite)
```

8.3.2 discover 执行更多用例

在 8.3.1 节所讲到的两种用例添加方法，适合小规模自动化测试用例的执行。例如软件升级新版本时，对软件进行小版本确认测试，这时可以使用 addTest()或 addTests()在用例文件中挑选用例来合成测试套件。当迭代运行所有测试用例时，用例文件和用例函数都会大幅度增加，此时上述两种方法均不再适合向测试套件中添加用例。

TestLoader 类中的 discover()方法在这种情况下是最适合的选择。现在将代码 Suite_run2.py 使用 discover()方法进行改写，代码如下：

```
#第 8 章/Suite_run3.py
import unittest

dir = './'
#创建测试套件 suite
suite = unittest.TestLoader().discover(start_dir=dir, pattern='test_*.py')

if __name__ == '__main__':
    #创建测试套件运行器
    runner = unittest.TextTestRunner()
    #调用 run()方法运行 suite 测试套件中的用例
    runner.run(suite)
```

从代码 Suite_run3.py 可以看出，discover 主要参数有两个：start_dir 参数用来指明用例文件所在位置，这个位置通常指到用例所在目录即可；pattern 参数用来指定添加用例所在文件，可以使用通配符进行模糊定位。

8.3.3 批量执行用例

本节简单讲一下用例的批量执行。通常自动化用例执行都会有若干套备选方案，例如对一个功能模块进行用例的批量执行,对系统所有用例进行批量执行。这时可以新建多个 run 文件,根据需求执行不同的 run 文件即可,无须每次都在 run 文件中修订用例执行范围。关于这一点会在第 9 章 unittest 实例框架中进行示例讲解。

8.4 TestRunner 的应用

最后要讲解的是 TestRunner。在 unittest 最常用到 TestRunner 类下的运行方法是 run()。用例运行需要输出结果,这需要每条用例都有合适的断言进行输出。本节以断言、装饰器、测试报告 3 个部分对测试执行结果的输出进行讲解。

8.4.1 断言的使用

unittest 中断言主要有 3 种类型:布尔断言、比较断言、复杂断言。

在 unittest 中这 3 种断言的分类下都有若干种可用方法,如表 8-1 所示。

表 8-1 unittest 中的断言方法

断言方法	断言描述
布尔断言	
断言方法	断言描述
assertEqual()	验证两参数是否相等
assertNotEqual()	验证两参数是否不相等
assertTrue()	验证参数返回值是否为 True
assertFalse()	验证参数返回值是否为 False
assertIs()	验证两个参数是否指向同一个对象
assertIsNot()	验证两个参数是否指向不同对象
assertIsNone()	验证参数是否指向空对象
assertIsNotNone()	验证参数是否指向非空对象
assertIn()	验证是否包含子串
assertNotIn()	验证是否不包含子串
assertIsInstance()	验证参数对象是否为参数类实例
assertNotIsInstance()	验证参数对象是否不是参数类实例
比较断言	
断言方法	断言描述
assertAlmostEqual()	比较两个参数值是否约等于,可以指定精确小数位数
assertNotAlmostEqual()	比较两个参数值是否不约等于,可以指定精确小数位数
assertGreater()	比较两个参数值是否为大于关系(>)
assertGreaterEqual()	比较两个参数值是否为大于或等于关系(>=)
assertLess()	比较两个参数值是否为小于关系(<)
assertLessEqual()	比较两个参数值是否为小于或等于关系(<=)
assertRegexpMatches()	比较正则表达式搜索结果是否匹配参照文本
assertNotRegexpMatches()	比较正则表达式搜索结果是否不匹配参照文本

续表

复杂断言	
断言方法	断言描述
assertListEqual()	验证两个 list 列表对象是否相等
assertTupleEqual()	验证两个 tuple 元组对象是否相等
assertSetEqual()	验证两个 set 集合对象是否相等
assertDictEqual()	验证两个 dict 字典对象是否相等

在 Web 自动化测试用例中，第一类布尔断言使用频率比较高，其他断言方法视具体情况选择使用，有少数与对象相关的断言主要用在单元测试过程中，此处不再一一举例，在后续章节示例中会有选择地在测试用例中使用其中一部分断言。

8.4.2 装饰器的使用

用例执行过程中，有时需要在特定情况下某些用例跳过执行，此时可以使用装饰器来解决这个问题。unittest 提供了 4 种针对用例执行的装饰器，如下所示：

(1) @unittest.expectedFailure：将测试结果设置为失败，与断言结果无关。

(2) @unittest.skipUnless(condition, reason)：条件成立时执行。

(3) @unittest.skipIf(condition, reason)：条件成立时跳过，不执行。

(4) @unittest.skip(reason)：直接跳过，不执行用例。

下面通过一个示例分别对 4 种装饰器进行演示说明，代码如下：

```python
#第8章/Decorator_example.py
import unittest
import sys
import selenium

class DecExam(unittest.TestCase):

    #此装饰器下用例无论断言结果如何，直接统计为失败
    @unittest.expectedFailure
    def test_Failure(self):
        print('expectedFailure():用例运行后统计为执行失败')
        #断言结果优先级低于装饰器结果
        self.assertTrue(True)

    #此装饰器可用于判断当前用例执行系统环境是否为 Windows 环境，否则跳过
    @unittest.skipUnless(sys.platform.startswith("win"), "条件成立时执行")
    def test_skipUnless(self):
        print('skipUnless():条件成立时执行用例')
        self.assertFalse(False)
```

```python
#当一条用例出现Bug并被标记为expectedFailure时,后续依赖用例可标记为skip
@unittest.skip("此用例为阻塞用例")
def test_skip(self):
    print('skip():无条件跳过')
    self.assertEqual('A', 'A')

@unittest.skipIf(selenium.__version__ == '3.141.0', "条件成立时跳过")
def test_skipIf(self):
    print('skipIf():条件成立时跳过用例')
    self.assertNotEqual('A', 'B')

if __name__ == '__main__':
    unittest.main()
```

8.4.3 生成测试报告

unittest 运行结束后的结果通常在输出窗口展示。执行结果以符号表示,如下所示:
(1) . 表示断言成功。
(2) F 表示断言失败。
(3) S 表示跳过用例。
(4) E 表示用例执行抛出异常。

下面将代码 Decorator_example.py 进行优化,设计一段用例,让 4 种情况依次出现,代码如下:

```python
#第8章/Decorator_example2.py
import unittest
import sys

class DecExam(unittest.TestCase):
    '''此类为测试用例执行输出结果'''

    def test_Failure(self):
        '''此条为断言失败用例'''
        #断言结果优先级低于装饰器结果
        self.assertTrue(False)

    @unittest.skipUnless(sys.platform.startswith("win"), "条件成立时执行")
    def test_skipUnless(self):
        '''此条为断言成功用例'''
        self.assertFalse(False)

    @unittest.skip("此用例为阻塞用例")
    def test_skip(self):
```

```
            '''此条为无条件跳过用例'''
            self.assertEqual('A', 'A')

    def test_skipIf(self):
        '''此条为抛出异常用例'''
        print(5/0)
        self.assertNotEqual('A', 'B')

if __name__ == '__main__':
    unittest.main()
```

接下来再创建一个用例运行文件,将 4 条用例置入测试套件后运行,代码如下:

```
#第8章/Decorator_run.py
import unittest

dir = './'
suite = unittest.TestLoader().discover(start_dir = dir, pattern = 'Decorator_example2.py')

if __name__ == '__main__':
    runner = unittest.TextTestRunner()
    runner.run(suite)
```

执行结果如图 8.6 所示。

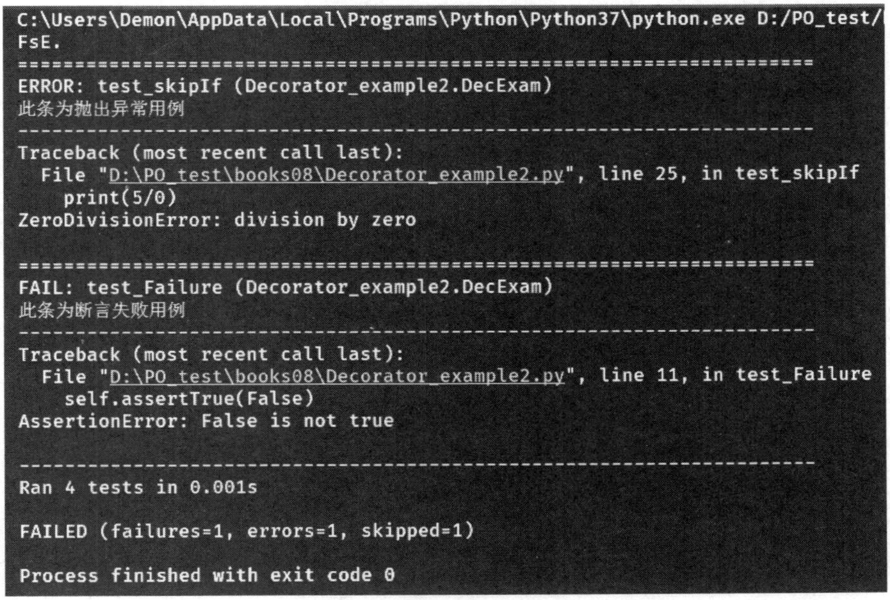

```
C:\Users\Demon\AppData\Local\Programs\Python\Python37\python.exe D:/PO_test/
FsE.
======================================================================
ERROR: test_skipIf (Decorator_example2.DecExam)
此条为抛出异常用例
----------------------------------------------------------------------
Traceback (most recent call last):
  File "D:\PO_test\books08\Decorator_example2.py", line 25, in test_skipIf
    print(5/0)
ZeroDivisionError: division by zero

======================================================================
FAIL: test_Failure (Decorator_example2.DecExam)
此条为断言失败用例
----------------------------------------------------------------------
Traceback (most recent call last):
  File "D:\PO_test\books08\Decorator_example2.py", line 11, in test_Failure
    self.assertTrue(False)
AssertionError: False is not true

----------------------------------------------------------------------
Ran 4 tests in 0.001s

FAILED (failures=1, errors=1, skipped=1)

Process finished with exit code 0
```

图 8.6 Decorator_run.py 执行结果

从图 8.6 可以看出，执行过程中断言失败和抛异常的用例会给出提示信息。这种结果展示作为最终的测试输出显然不够直观，此时可借助第三方插件来完成最终测试结果的整理。

HTMLTestRunner 插件是基于 unittest 框架 TextTestRunner 类衍生出来的一款扩展插件，它可以将自动化运行结果整理生成 HTML 格式的独立页面。HTMLTestRunner 是配合 unittest 生成测试报告很好的选择方案，HTML 展示页面如图 8.7 所示。

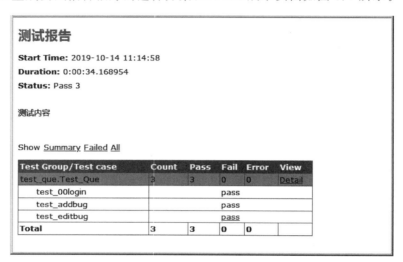

图 8.7　HTMLTestRunner 输出结果页面

1. HTMLTestRunner 的介绍

HTMLTestRunner 是 Python 标准库 unittest 模块的扩展。

HTMLTestRunner 可以生成易于使用的 HTML 测试报告。

HTMLTestRunner 是由一位来自旧金山的华裔软件开发工程师董伟业开发并维护的。

2. HTMLTestRunner 安装

HTMLTestRunner 的下载网址 http://tungwaiyip.info/software/HTMLTestRunner.html，下载页面如图 8.8 所示。

其中主文件为 HTMLTestRunner.py，示例文件为 test_HTMLTestRunner.py。

由于 HTMLTestRunner 是基于 Python 2 开发的插件，Python 3 语法发生变更，若兼容 Python 3，则 HTMLTestRunner 插件需做部分语法修订，如表 8-2 所示。

表 8-2　HTMLTestRunner.py 文件修订

文件定位	原内容	目标内容
第 94 行	import StringIO	import io
第 118 行	self.fp.write(s)	self.fp.write(Bytes(s,'UTF-8'))
第 539 行	StringIO.StringIO()	io.StringIO()

续表

文件定位	原内容	目标内容
第 631 行	print >>…self.startTime)	print(…self.startTime))
第 642 行	if not rmap.has_key(cls):	if not cls in rmap:
第 766 行	uo = o.decode('latin-1')	uo = o
第 768 行	uo = o	uo = o.decode('utf-8')
第 772 行	ue = e.decode('latin-1')	ue = e
第 774 行	ue = e	ue = e.decode('utf-8')

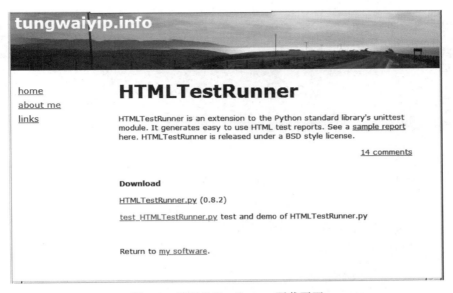

图 8.8　HTMLTestRunner 下载页面

网上也有一些基于 HTMLTestRunner 插件的 2 次修订版本，例如 HTMLTestRunner_PY3.py、HTMLTestRunner_cn.py。在 HTMLTestRunner 原有基础上进行了功能扩展，在本章配套章节源码里也可以获取。

将修订后的 HTMLTestRunner.py 文件置入 Python 程序主目录 Lib 下的 sit-packages 子目录下，如图 8.9 所示。

3. HTMLTestRunner 的使用

在 test_HTMLTestRunner.py 示例文件中可以找到 HTMLTestRunner 的使用示例，如图 8.10 所示。

从图 8.10 可以看出，HTMLTestRunner 在使用过程中有 3 个传入参数，主要功能如下。

（1）stream：写入文件。此处通常为 open()方式打开的文件对象。

（2）title：最终生成 HTML 报告的正文标题名称。

（3）description：最终生成 HTML 报告标题下面附加的报告解释文本。

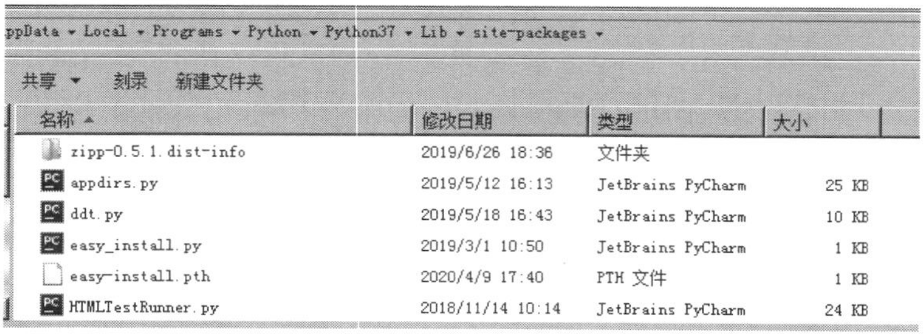

图 8.9　HTMLTestRunner.py 保存位置

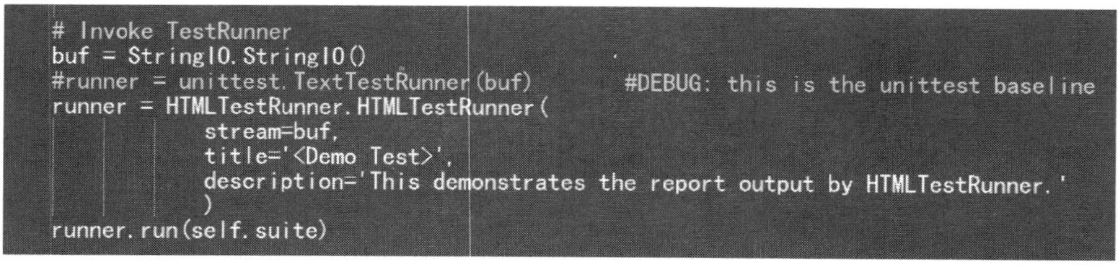

图 8.10　HTMLTestRunner 使用示例

在代码 Decorator_run.py 中使用 HTMLTestRunner 来替换 unittest 框架中原有的 TextTestRunner，代码如下：

```python
# 第8章/Decorator_HTML_result.py
import unittest
import HTMLTestRunner

case_dir = './'
suite = unittest.TestLoader().discover(start_dir=case_dir, pattern='Decorator_example2.py')

if __name__ == '__main__':
    # 在当前置以'wb'方式打开一个后缀为html的文档
    fp = open('./result.html', 'wb')

    runner = HTMLTestRunner.HTMLTestRunner(
        stream=fp,
        title='HTMLTestRunner example',
        description='This is the description of the running results'
    )
    runner.run(suite)

    # 结果写入完成后,关闭打开文档
    fp.close()
```

执行结果如图 8.11 所示。

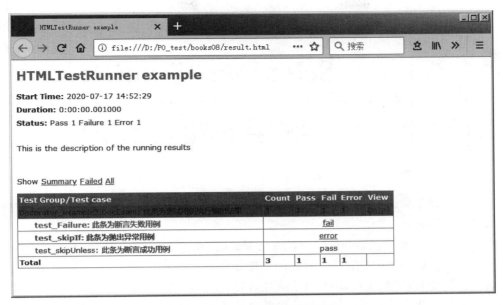

图 8.11 生成 HTML 测试结果

注意,代码 Decorator_example2.py 中的类和用例函数下的三引号注释文字被写入报告,装饰器跳过用例不计入运行用例总数。

第 9 章 Selenium 与 unittest 框架的整合应用

本章将前面 8 章的内容进行整合，形成一套较为完整的以 unittest 框架为基础的自动化测试框架应用案例。

Selenium 下的知识点多数是围绕自动化测试用例的实现而展开的知识点。unittest 单元测试框架是以自动化用例管理为核心的实现方案。由于 unittest 框架最初被设计出来是为单元测试服务的，因此在与 Selenium 结合后的 UI 自动化测试过程中，其自带功能实现略显单薄。本章以此为基础进行框架层面的整合及功能扩展。

9.1 框架整体思路

本章所演示框架以代码展示为主。由于每个模块功能的实现都有很强的关联性，因此每节开始时会说明模块实现思路。部分 unittest 框架之外的功能会单独演示实现过程。

本示例框架共分为 5 个组成模块，分别是 bin（运行管理模块）、case（用例管理模块）、data（数据存储模块）、report（结果返回模块）、utils（功能扩展模块）。框架具体层级和代码文件关系如图 9.1 所示。

图 9.1　sele_unit 框架构成

9.2　case 模块用例

case 模块实现思路：本节以百度网页搜索页面和百度新闻搜索页面为例，分别将搜索内容进行参数化处理。实现百度新闻模块测试用例，代码如下：

```python
#第9章/test_baidu_new.py
import unittest
import ddt
from time import sleep
from selenium import webdriver
from utils.excel_read import ParseExcel

#导入 data_manage 模块 test_data.xlsx 中的测试数据
excelPath = '././../data_manage/test_data.xlsx'
sheetName = 'data_new'
excel = ParseExcel(excelPath, sheetName)

#使用 ddt 方式循环导入数据
@ddt.ddt
class Test_baidu_News(unittest.TestCase):
    @classmethod
    def setUpClass(self):
        self.driver = webdriver.Chrome()

    @classmethod
    def tearDownClass(self):
        self.driver.quit()

    def setUp(self):
        self.driver.get('http://news.baidu.com/')
        sleep(2)

    def tearDown(self):
        pass

    @ddt.data(*excel.getDataFromSheet())
    def test_sou(self, data):
        self.driver.find_element_by_id('ww').send_keys(data)
        sleep(2)
        self.driver.find_element_by_id('s_btn_wr').click()
        sleep(2)
        self.assertEqual('百度信息搜索_' + data, self.driver.title)
```

```
if __name__ == '__main__':
    unittest.main()
```

实现百度搜索模块测试用例,代码如下:

```
# 第 9 章/test_baidu_sou.py
import unittest
import ddt
from time import sleep
from selenium import webdriver
from utils.excel_read import ParseExcel
from utils.log import Log

# 导入 data_manage 模块 test_data.xlsx 中的测试数据
excelPath = '../../data_manage/test_data.xlsx'
sheetName = 'data_sou'
excel = ParseExcel(excelPath, sheetName)


@ddt.ddt
class Test_baidu_Search(unittest.TestCase):
    '''百度搜索用例'''

    @classmethod
    def setUpClass(self):
        self.driver = webdriver.Chrome()
        self.log = Log()

    @classmethod
    def tearDownClass(self):
        self.driver.quit()

    def setUp(self):
        self.driver.get('http://www.baidu.com/')
        sleep(2)

    def tearDown(self):
        pass

    @ddt.data(*excel.getDataFromSheet_mul())
    def test_sou(self, data):
        '''搜索方式:'''
        try:
            self.driver.find_element_by_id('kw').send_keys(data[0])
```

```
                sleep(2)
                self.driver.find_element_by_id('su').click()
                sleep(2)
                self.assertEqual(data[0] + '_百度搜索', self.driver.title)
            except AssertionError as e:
                self.log.add_log(data[0], data[1], format(e))
                self.assertEqual(data[0] + '_百度搜索', self.driver.title)
            else:
                self.log.add_log(data[0], data[1], '用例执行成功')


if __name__ == '__main__':
    unittest.main()
```

9.3 data 模块数据

data 模块实现思路：data 模块以 Excel 文件作为数据管理媒介，在 Excel 文件中新建 data_sou 和 data_new 两张表，分别用来存放用例执行模块的搜索数据。Excel 存放数据表如图 9.2 所示。

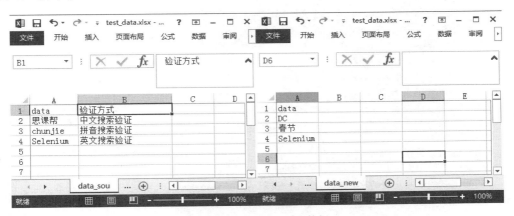

图 9.2　test_data.xlsx 数据

9.4 report 模块

report 模块实现思路：report 模块中主要存放 3 种返回数据，分别是 HTML 结果页面、执行异常截图和执行过程日志记录。

9.5 utils 功能模块

utils 模块实现思路：utils 模块主要用来存放一些框架运行过程中的辅助功能。本章自动化测试框架中主要实现了 Excel 表格数据的读取、初始化目录、日志记录功能。

9.5.1 数据读取功能

Excel 数据读取的讲解会在第 16 章数据驱动里进行详细演示。此处仅展示框架中数据读取功能的实现，代码如下：

```python
# 第 9 章/excel_read.py
from openpyxl import load_workbook

class ParseExcel():
    # 声明 ParseExcel 对象时传入 Excel 文件路径及表名
    def __init__(self, excel_path, sheetName):
        self.wb = load_workbook(excel_path)
        self.sheet = self.wb[sheetName]

    # 将表中数据处理成一维列表
    # 此方法用来处理 data_new 表中数据
    def getDataFromSheet(self):
        dataList = []
        for line in self.sheet:
            dataList.append(line[0].value)
        # 清除表头数据
        dataList.pop(0)
        return dataList

    # 将表中数据处理成二维列表
    # 此方法用来处理 data_sou 表中数据
    # 此方法适用于处理传入数据中自带预期结果数据情况
    def getDataFromSheet_mul(self):
        dataList = []
        for line in self.sheet:
            tmp_list = []
            tmp_list.append(line[0].value)
            tmp_list.append(line[1].value)
            dataList.append(tmp_list)
        dataList.pop(0)
        return dataList
```

```python
if __name__ == '__main__':
    excel_path = '././../data_manage/test_data.xlsx'
    sheetName = 'data_new'
    pe = ParseExcel(excel_path, sheetName)
    print(pe.getDataFromSheet())
```

9.5.2　初始化目录

在 report 模块中记录返回数据时，首先会创建与日期同名目录，再将返回数据存在目录下面，代码如下：

```python
#第9章/init_folder.py
import os

def init_folder(date):
    #创建 html 目录位置
    html_folder_path = './../report/html/'
    
    #将所创建的子目录添加时间标记
    folder_path = html_folder_path + date
    
    #判断当前日期目录是否存在,不存在则创建
    if not os.path.exists(folder_path):
        os.makedirs(folder_path)
    
    #创建 png 目录位置
    png_folder_path = './../report/png/'
    folder_path = png_folder_path + date
    
    #判断当前日期目录是否存在,不存在则创建
    if not os.path.exists(folder_path):
        os.makedirs(folder_path)
    
    #创建 log 目录位置
    log_folder_path = './../report/log/'
    folder_path = log_folder_path + date
    
    #判断当前日期目录是否存在,不存在则创建
    if not os.path.exists(folder_path):
        os.makedirs(folder_path)
```

此方法通常用在所有用例开始执行前，具体使用方法见代码 run_all_case.py。

9.5.3 日志记录功能

实现日志记录功能，代码如下：

```python
#第9章/log.py
import logging


class Log():
    def __init__(self):
        logging.basicConfig(
            level = logging.INFO,
            format = '%(asctime)s %(levelname)s %(message)s',
            datefmt = '%Y-%m-%d %H %M %S',
            filename = '././report/log/2020-01-05/test.log',
            filemode = 'w'
        )

    def add_log(self, page, func, des):
        out_str = page + ':' + func + ':' + des
        logging.info(out_str)
```

此方法通常与用例一同执行，具体使用方法见代码 test_baidu_sou.py。

9.6 bin 运行模块

bin 模块实现思路：

在第 8 章讲解过用例在执行时会根据具体情况选择执行部分或全部测试用例。这种需求最快的实现方式是编写多个 run 文件，每个 run 文件的执行范围不同。首先创建执行范围为百度新闻模块用例的 run 文件，代码如下：

```python
#第9章/run_all_case.py
import unittest
import HTMLTestRunner
import datetime
from utils.init_folder import init_folder

suite = unittest.defaultTestLoader.discover('././case_manage/',pattern = 'test_baidu_*.py')

if __name__ == '__main__':
    date_time = datetime.datetime.now()
    date = date_time.strftime('%Y-%m-%d')
    report_time = date_time.strftime('%H%M%S')
```

```
    init_folder(date)
    fp = open('./../report/html/' + date + '/' + report_time + 'report.html', 'wb')
    runner = HTMLTestRunner.HTMLTestRunner(
        stream = fp,
        title = 'test_html',
        description = 'text')
    runner.run(suite)
    fp.close()
```

创建执行范围为所有模块用例的 run 文件,代码如下:

```
#第9章/run_new.py
import unittest
import HTMLTestRunner
import datetime
from utils.init_folder import init_folder

suite = unittest.defaultTestLoader.discover('./../case_manage/', pattern = 'test_baidu_new.py')

if __name__ == '__main__':
    date_time = datetime.datetime.now()
    date = date_time.strftime('%Y-%m-%d')
    report_time = date_time.strftime('%H%M%S')
    init_folder(date)
    fp = open('./../report/html/' + date + '/' + report_time + 'report.html', 'wb')
    runner = HTMLTestRunner.HTMLTestRunner(
        stream = fp,
        title = 'test_html',
        description = 'text')
    runner.run(suite)
    fp.close()
```

创建执行范围为百度搜索模块用例的 run 文件,代码如下:

```
#第9章/run_sou.py
import unittest
import HTMLTestRunner
import datetime
from utils.init_folder import init_folder

suite = unittest.defaultTestLoader.discover('./../case_manage/', pattern = 'test_baidu_sou.py')

if __name__ == '__main__':
```

```python
date_time = datetime.datetime.now()
date = date_time.strftime('%Y-%m-%d')
report_time = date_time.strftime('%H%M%S')
init_folder(date)
fp = open('./../report/html/' + date + '/' + report_time + 'report.html', 'wb')
runner = HTMLTestRunner.HTMLTestRunner(
    stream = fp,
    title = 'test_html',
    description = 'text')
runner.run(suite)
fp.close()
```

App篇

  App作为以Android为代表的移动端应用软件,在近几年的发展过程中其重要性越来越大。移动端的应用软件开发与测试技术及工具也随之快速发展。App、M版网站、微信小程序,这些与日常生活和工作密切相关的内容正在逐步依赖这些移动端软件来完成。

  基于App软件的测试技术,单纯的手工迭代测试已远远不能满足版本更新日渐频繁的技术需求。以Appium为代表的移动端UI自动化测试类工具的出现,有效提升了移动端App研发过程中UI层迭代测试的效率。

第 10 章

App 自动化测试介绍

从本章开始,进入 App 软件自动化测试的学习。前面章节所讲解的 Web 自动化测试的本质是以脚本的方式驱动浏览器执行测试用例。App 在 UI 层的自动化测试在本质上与 Web 自动化测试是相仿的,不同之处是自动化脚本驱动的对象是手机或手机模拟器。

10.1 App 自动化测试现状

移动端软件伴随着智能手机的发展,在日常工作和生活中所使用的软件应用占比越来越大。移动端 App 有开发周期短、迭代速度快的特点。后期软件在维护过程中平均每个月会有 2~3 次更新。面对软件的快速迭代,App 自动化测试能有效地与手工测试形成互补关系,主要体现在执行效率的提升、上线前版本功能验证、日常用例回归、降低手工测试成本等。

10.1.1 测试工具的选取

移动端 UI 层的自动化测试在本质上仍然是测试脚本驱动 App 功能执行并且验证的过程。App 软件按平台可划分成 iOS 和 Android 两类,按执行环境可分为模拟器和真机两类。自动化测试实现的方式与 Web 自动化测试实现的方式相仿,如图 10.1 所示。

从图 10.1 可以看出,自动化测试框架拓扑图分为 3 个区域,即软件区、自动化设计区、运行终端区。其中软件部分目前以在 Android 和 iOS 两个平台上运行的被测软件为主,运行终端是自动化测试脚本执行的平台,自动化设计部分有部分可供选择内容,如下所示。

(1) 驱动框架:Appium、Airtest、UIAutomation、Robotium、XCTest。
(2) 测试脚本:Python、Java(本书选用 Python)。
(3) 用例管理:基于 Python 的用例管理有 unittest、pytest,基于 Java 的用例管理有 junit、testNG。
(4) 持续集成:Jenkins。

由以上内容可以看出,在准备 App 自动化测试环境时,首先需要选择一个合适的驱动框架。App 篇选用 Appium 进行安装部署及使用的讲解。

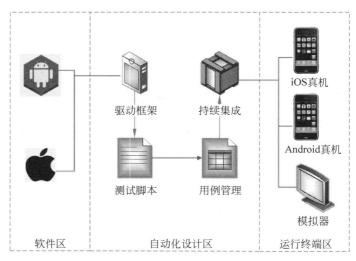

图 10.1　App 自动化测试拓扑图

10.1.2　移动端软件的多样性

1. 原生态 App 软件

大多数 App 软件可以归入此类。与日常生活和工作相关的软件，在智能手机出现之前以 PC 端 Web 页面或窗口界面的形态进行展示，现在主要以 App 形式存在于 Android 应用市场或 Apple 应用商店中，如图 10.2 和图 10.3 所示。

图 10.2　Android 应用市场

图 10.3　Apple 应用商店

移动端 App 软件需要下载安装包进行安装授权操作,在移动端系统下会生成启动项,这个很重要,使用脚本启动 App 软件的时候会用到。

2. 小程序

小程序 App 是运行在平台上的一种不需要下载安装即可使用的应用,用户通过扫一扫或平台内搜索即可打开应用。微信是目前使用率较高的小程序平台软件,如图 10.4 所示。

受小程序软件大小的限制,小程序一般不会有很多功能项。其优点是用完即关,无须安装与卸载,方便用户使用,通常可以使用平台账号授权登录,易于推广。

3. 移动端 Web 程序

移动端 Web 程序是 PC 端传统 B/S 架构程序客户端页面的一个优化版,也称为 M 版客户端页面。受手机屏幕及分辨率限制,移动端 Web 页面布局趋于简洁,如图 10.5 所示。

图 10.4　微信小程序主界面

图 10.5　M 版百度首页

10.2　Appium 自动化测试工具

10.2.1　Appium 介绍

Appium 是目前进行 App 测试使用率较高的 UI 层自动化框架之一。

根据 Appium 官网(http://appium.io/)介绍,Appium 是一个开源、跨平台的测试框架,可以用来测试原生及混合的移动端应用。Appium 和 Selenium 一样,支持诸如 Python、

Java等主流语言,以扩展API包的形式在这些语言中使用。

Appium的优点主要有以下几点。

- 多平台:可以在Linux、Windows、Android、iOS平台上进行测试。
- 兼容性:可以进行多平台下移动Web应用的测试。
- 复用性:可以做到在Windows、Android、iOS平台间复用测试套件代码。

Appium是移动端软件UI自动化测试工作开展中的一个很好的选择。Appium启动界面如图10.6所示。

图10.6　Appium启动界面

10.2.2　Appium工作原理

Appium基于WebDriver协议,调用UIAutomator(Android端)、UIAutomation(iOS端)实现UI层的自动化测试。

Appium自动化实现过程如下:

(1) 在客户端(IDE)设计基于WebDriver协议的自动化脚本。
(2) 启动Appium服务,Server端口为4723。
(3) Server端接收客户端REST请求并解析请求内容,调用对应的框架响应操作。
(4) Server端将响应转发给中间件Bootstrap.jar(Android端)、UIAutomation(iOS端)。
(5) 中间件在手机上监听4723端口并接收Appium命令。
(6) 通过调用UIAutomator(Android端)、UIAutomation(iOS端)的命令实现操作。

(7) 中间件将执行结果返回服务器端。

(8) 服务器端将接收的结果返回客户端。

10.3 模拟器及手机投屏工具

App 自动化测试脚本在执行过程中,命令实现操作需要一个执行平台。移动端功能测试与 PC 端 Web 功能测试相异之处在于兼容性。PC 端 Web 功能测试需要考虑浏览器兼容性,而移动端功能测试需要考虑真机兼容性。

在移动端 App 软件开发前期版本快速迭代阶段,功能自动化首先需要考虑的是功能的实现,这时脚本实现操作的执行平台可选用模拟器,重点在于验证 App 实现功能的正确性。后期软件上线后,脚本实现操作的执行平台可选用不同类型的真机,这时验证的重点在于 App 在不同机型上的真机兼容性测试。本节以 Android 端进行示例讲解。

10.3.1 基于 Android 模拟器

目前比较流行的几款主流 Android 模拟器基本以手游模拟器为主,可以通过设置将其用作 App 自动化脚本的执行平台,如表 10-1 所示。

表 10-1 主流手机模拟器

序号	模拟器名称	连接默认端口
1	夜神安卓模拟器	62001
2	逍遥安卓模拟器	21503
3	BlueStacks	5555
4	雷电安卓模拟器	5555
5	天天安卓模拟器	5037
6	网易 MuMu	7555
7	安卓模拟器大师	54001
8	Genymotion	5555

10.3.2 真机投屏工具

真机运行自动化测试脚本需要进行设置。运行脚本前需要解决两个问题,一是手机与 PC 端连接问题,二是手机端屏幕在 PC 端的显示问题。下面针对这两点进行设置,如图 10.7 所示。

1. 打开手机 USB 调试模式

首先打开手机,单击打开"设置"面板,找到并单击"关于手机"选项。

在版本号上连续多点几次,直到出现"您正处于开发者模式"的提示,如图 10.7(a)所示。进入"设置-系统和更新-开发人员选项",启用"USB 调试"功能,如图 10.7(b)所示。

(a)   (b)

图 10.7   手机调试模式设置

2．测试手机与 PC 端连接

在命令提示符下运行 adb devices 命令，查看手机连接情况，如图 10.8 所示。

从 PC 端使用 adb 查看手机连接失败的原因和具体手机品牌与型号有关，每款手机连接时开发者模式中的设置不尽相同，常见原因有以下几种情况。

（1）PC 端运行了豌豆荚等带有 adb 功能的软件，关闭此类软件即可。

（2）开发者模式中"选择 USB 配置"项应置为 MIDI 模式（部分手机适用）。

图 10.8   adb 查看连接手机情况

（3）PC 端未安装手机专用助手工具（部分手机适用）。

（4）adb 驱动未正确配置。

3．将手机投屏到 PC 端桌面

在 App 自动化脚本编写阶段，通常使用手机模拟器方式获取操作元素的属性值。若条件不允许,也可使用真机辅助完成。这时需要用到一款手机投屏工具 asm.jar。

连接操作过程如下:

(1) 下载 asm.jar 包,并保存到 D 盘根目录下。

(2) 打开命令提示符,切换至 D 盘,输入 java - jar asm.jar 命令,按回车键,如图 10.9 所示。

图 10.9　运行 asm.jar 包

(3) 在弹出框中选择要投屏的手机,如图 10.10 所示。

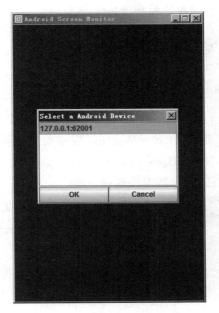

图 10.10　选择手机驱动

(4) 手机画面在 PC 端以窗口形式显示。

第 11 章 移动端环境搭建及配置

本章主要进行移动端自动化环境的搭建及配置工作。相较于本书第一部分 Web 自动化环境的配置，移动端环境无疑要复杂许多。App 自动化测试工具选取 Android＋Appium 这一主流组合。移动端自动化环境因涉及软件较多，存在版本兼容问题。本书所选择软件的版本为目前最新版本，已经过安装兼容测试。在使用本章内容进行安装时，尽量下载与书中软件相同或相近版本，以确保安装顺利进行。

11.1 Appium 的安装与配置

11.1.1 Node.js 的安装

Node.js 是 Appium 运行的前提条件。因为 Appium 是基于 Node.js 实现的，它相当于 Appium 运行时的一个解释器，所以属于 Appium 安装前的必装软件。由于 Node.js 版本更新很频繁，读者可以从它的官网 https://nodejs.org/en/download/ 下载最新版本。官网下载页面如图 11.1 所示，可根据自己的需要选择下载。

	LTS Recommended For Most Users	Current Latest Features
	Windows Installer node-v12.13.0-x64.msi	macOS Installer node-v12.13.0.pkg	Source Code node-v12.13.0.tar.gz
Windows Installer (.msi)	32-bit	64-bit
Windows Binary (.zip)	32-bit	64-bit
macOS Installer (.pkg)	64-bit	
macOS Binary (.tar.gz)	64-bit	
Linux Binaries (x64)	64-bit	
Linux Binaries (ARM)	ARMv7	ARMv8
Source Code	node-v12.13.0.tar.gz	

图 11.1 Node 官网下载页面

根据不同的操作系统选择相应的版本进行下载。这里以 Windows 7（64）为例进行安装，选择 Windows Installer(.msi)64-bit 版本进行下载，如图 11.2 所示。下载完成后，双击进行安装。

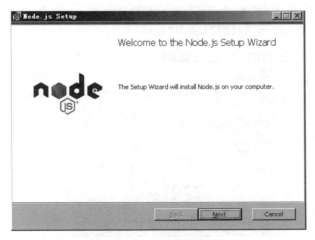

图 11.2　Node 安装页面

安装完成后，打开 Windows 命令提示符，输入 npm 命令进行验证，如果出现如图 11.3 所示信息，表示 Node.js 安装成功。

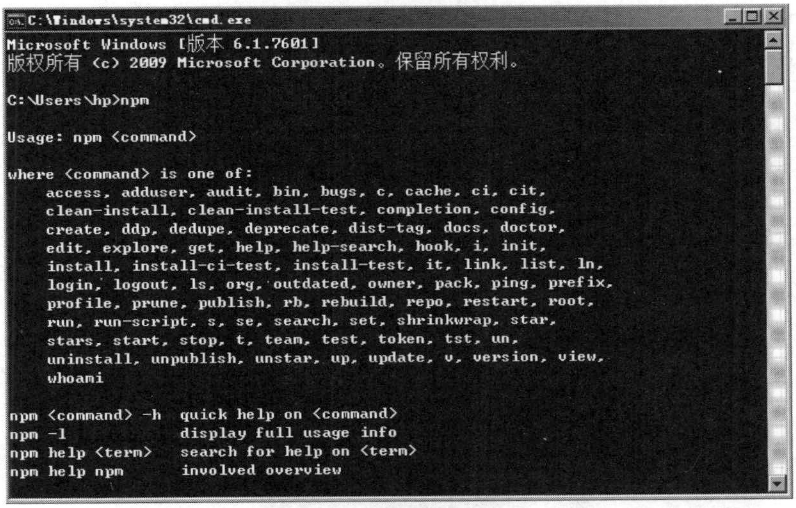

图 11.3　npm 验证页面

npm 是一个 Node 包管理和分发工具，已经成为非官方的发布 Node 模块（包）的标准。通过 npm 可以很快地找到特定服务所要使用的包，进行下载、安装及管理已经安装的包。

11.1.2　Appium 的安装

从官网下载最新 Appium 软件进行安装。Appium 目前最新版本为 v1.15.1。由于 Appium 最新版本最低支持 Android 5.0，而本书所使用的 Android 版本为 4.4，因此 Appium 选用 v1.10.0 版。运行软件，单击"安装"按钮进行后续安装，如图 11.4 所示。

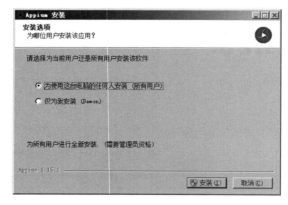

图 11.4　Appium 安装界面

安装完成后，运行 Appium，出现如图 11.5 所示界面即为安装成功。由于 Appium 是基于.NET 开发的，所以它会依赖 .NET Framework 相关组件。如果读者所选用的 Appium 为早期版本，首次运行时会报错提示.NET Framework 初始化错误。在网上下载一个.NET Framework 4.5 以上版本进行安装更新便可以解决此问题。

图 11.5　Appium 运行界面

11.2 Android 环境的安装

在 Windows 下部署 Android 开发环境稍稍会复杂一点。由于部署环境的主要目的不是用于开发,而是用作 App 自动化脚本测试,所以 Eclipse 部分不需要安装配置。后期脚本都在 PyCharm 里编写调试。

11.2.1 Java 的安装与配置

Android 是由 Java 语言开发的,所以想开发 Android 应用需要 Java 环境,首先需要安装 Java 环境。可以直接到 Oracle 官网下载 Java JDK 安装包进行安装。Java 官网下载网址:https://www.oracle.com/technetwork/Java/javase/downloads/index.html。关于 Java 版本,目前更新到了 13.0.1。对于要配置的环境,没必要追求最新版本,选择稳定版本便可。本书选用的是 JDK 11.0.5 版。这里选择默认安装在 C:\Program Files\Java\JDK-11.0_5 目录下。安装界面如图 11.6 所示。

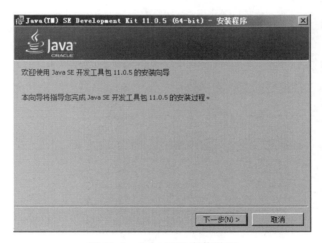

图 11.6 Java JDK 安装界面

安装完成后,需要配置环境变量。在计算机上右击菜单→属性→高级系统设置→环境变量→系统变量,新建一个系统变量 JAVA_HOME,变量名和对应变量值如下:

变量名:JAVA_HOME

变量值:C:\Program Files\Java\JDK-11.0.5

在环境变量 Path 中添加如下内容:

变量名:Path

变量值:%JAVA_HOME%\bin

配置完成后,在 Windows 命令提示符下验证 Java 是否成功,验证方式如图 11.7 所示。

图 11.7　Java JDK 安装后的验证

11.2.2　Android ADT&SDK 的配置

Android SDK 提供了丰富的 API 库和开发工具构建，可用来测试和调试 App 应用程序。简单来讲，Android SDK 可以看作用于开发和运行 Android 应用的一个软件。

Android ADT 是 Android SDK 在 Eclipse 中的 GUI 辅助插件。Android ADT 的 GUI 部分是在进行 App 自动化时需要用到的部分，例如它里面的 Android 模拟器。Android SDK 则侧重于提供软件包、框架支持，是整个 Android 环境中不可或缺的部分。

关于 Android ADT 和 Android SDK 两个包，可以在资源网站上下载。图 11.8 所示是两个包解压后的内容。

图 11.8　Android ADT(上)和 Android SDK(下)

Android ADT 文件夹中原本还有一个 Eclipse，由于本书环境用不到，所以解压后可以直接删掉。将 Android ADT 中 sdk 子文件夹中的所有内容剪切至 Android SDK 中，合并后的 Android SDK 目录如图 11.9 所示。

安装完成后，需要配置一下环境变量。在计算机上右击菜单→属性→高

图 11.9　合并后的 Android SDK 目录

级系统设置→环境变量→系统变量，新建一个系统变量 ANDROID_HOME，变量名和对应变量值如下：

变量名：ANDROID_HOME

变量值：D:\android-sdk-windows

在环境变量 Path 中添加入下内容：

变量名：Path

变量值：%ANDROID_HOME%\platform-tools；%ANDROID_HOME%\tools

11.2.3　SDK Manager 下载配置

双击启动 SDK Manager.exe 程序，启动界面如图 11.10 所示。

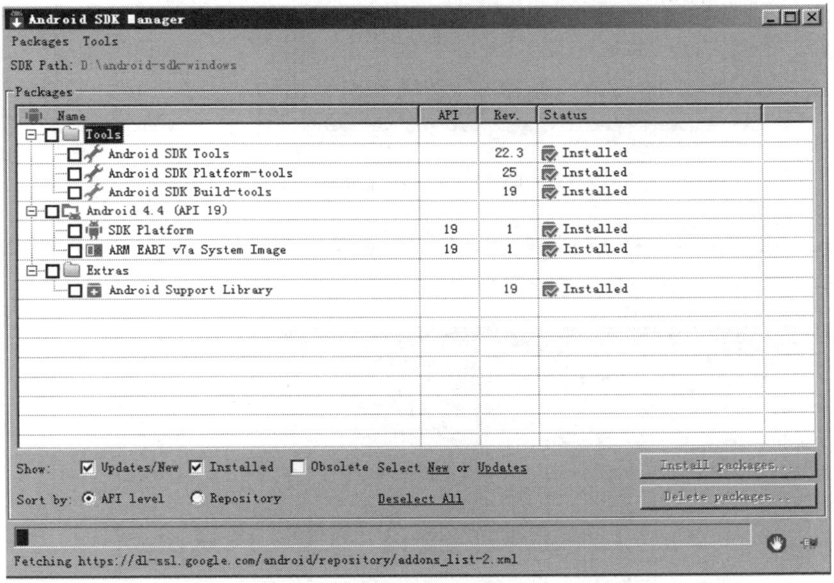

图 11.10　SDK Manager 启动界面

默认情况下，Android SDK 无法更新，即使联网状态也不行，需要设置代理。在 Android SDK Manager 的菜单栏上单击 Tools→Options 设置相关代码。由于网络管制原因，想要在线更新需要进行相关设置。读者可在网上自行查找在线更新解决方案。

接下来安装 SDK Platform-Tools。把解压出来的 platform-tools 文件夹放在 Android SDK 根目录下，并把 adb 所在的目录添加到系统 PATH 路径里。这个在设置 Android 环境变量时已经提前添加完成了。

11.2.4　Android 模拟器的安装

1. 模拟器更新

当 Android SDK 安装完成之后，并不意味着已经装好了模拟器。Android 系统有多个版本，所以需要选择一个版本进行安装。以 Android 4.4.2 版本为例，选择该版本下的安装包，如图 11.11 所示。

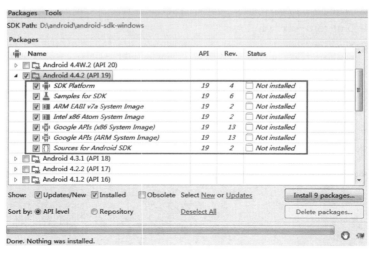

图 11.11 选择安装包

单击 Install 9 packages 按钮进行安装,则会弹出如图 11.12 所示界面,选择 Accept License 选项,单击 Install 按钮进行安装。

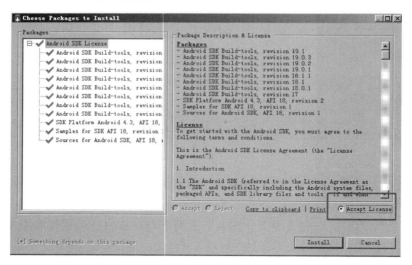

图 11.12 Accept License 界面

2. 安装 Appium Client

Appium Client 是对 WebDriver 原生 API 的一些扩展和封装。它可以帮助读者更容易写出内容清晰的用例。Appium Client 需要配合原生的 WebDriver 来使用,因此二者必须配合使用,缺一不可。Appium 支持多种编程语言编写自动化测试脚本,本书承接 Web 篇环境,仍选择 Python 语言来编写 App 自动化测试脚本。

在命令行窗口中输入 pip install Appium-Python-Client 命令进行在线安装,如图 11.13

所示。至此，Appium 环境就配置结束了。

图 11.13　Appium-Python-Client 线安装界面

11.2.5　夜神模拟器

Android SDK 自带 Android 手机模拟器，但运行自动化脚本时流畅度较低。脚本编写及运行时建议使用第三方模拟器进行。目前网上常见的 Android 手机模拟器以支持手游 App 居多，流畅度高，内存占用率低，如图 11.14 所示夜神模拟器等。由于此类模拟器在测试阶段以游戏安装运行为主，非游戏类的 App 软件在安装运行过程中可能会出现不兼容问题。这时可以多试几款模拟器，或者采用真机方式定位和运行脚本。

图 11.14　夜神模拟器

11.3 第一个可运行 App 自动化脚本

通过 11.2 节的安装配置，Android SDK 环境的所有配置项都已完成。本节将会通过一个小实例来对 Android SDK 运行环境进行验证。模拟器部分暂时采用 Android 自带模拟器。由于还有很多知识点未接触到，本节实例以演示 App 自动化脚本运行流程为主。实现细节将会在后面章节进行详细讲解。

11.3.1 创建 Android 模拟器

首先在 android-sdk-Windows 目录下找到 AVD Manager.exe 选项，双击打开程序。弹出如图 11.15 所示界面。

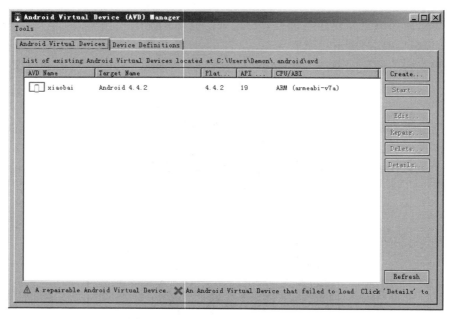

图 11.15 Android 模拟驱动管理界面

单击 Create 按钮，弹出 Android 模拟器创建界面，如图 11.16 所示。

模拟器创建时参数配置如下：

AVD Name：命名成相应 Android 版本号即可。它的主要作用是在列表区存目。此处命名为 Android4.4.2。

Device：主要用来选择模拟器机型及显示分辨率。可根据计算机显示屏的分辨率来确定，尽量选择低于计算机显示屏的分辨率。此处选择 480×800 的分辨率。

Skin：这个选项主要用来配合 Device 选项所选择机型，以显示相匹配的皮肤。此处选

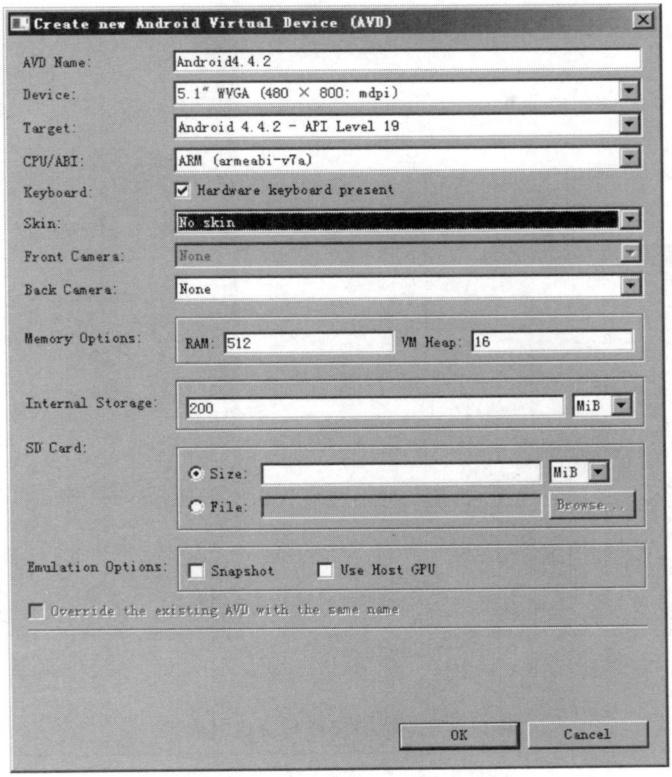

图 11.16　创建模拟器参数界面

择 No skin 项。

其他选项暂时选择默认。本节模拟器配置主要是为了验证环境配置问题的，默认配置足够运行测试脚本。

完成参数设置后单击 OK 按钮，会弹出创建 Android 模拟器参数展示页，单击"确定"按钮关闭界面即可。至此，Android 模拟器创建完成。

在 AVD Manager 窗口中单击 Start 按钮，启动 Android 模拟器。显示如图 11.17 所示界面。弹出 Launch Options 界面，此窗口为 Android 模拟器启动前设置的窗口。勾选 Scale display to real size 复选框，按实际大小缩放显示，可防止创建模拟器时所选机型分辨率超出计算机显示屏分辨率后模拟器显示不全的情况。

接下来就是 Android 模拟器启动界面。Android SDK 自带模拟器有启动慢的缺点，大约需要等待 3～5min。启动完成后如图 11.18 所示，即可进入下一步操作。

因为新虚拟机没有实体键，所以可以利用键盘按键来操作 Android 虚拟机。这里将模拟器常用的键盘操作整理在一起，如表 11-1 所示。

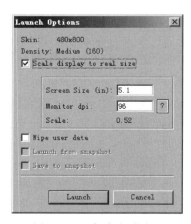
图 11.17 启动选项界面

图 11.18 模拟器界面

表 11-1 模拟器按钮与键盘对照表

模拟器按键	键盘按键	模拟器按键	键盘按键
后退	Esc	呼叫	F3
菜单	F1 或 Page Up	挂断	F4
开始	F2 或 Page Down	电源按钮	F7
禁止/启用所有网络	F8	方向键 左/上/右/下	小键盘 4/8/6/2
开始跟踪	F9	方向键 中心键	小键盘 5
停止跟踪	F10	调低音量	小键盘 负号（-）
旋转屏幕（横/竖屏切换）	Ctrl+F11	调高音量	小键盘 加号（+）
主页	Home		

11.3.2 启动 Appium

打开 Appium 软件，启动界面如图 11.5 所示。单击 Start Server v1.15.1 按钮，运行 Appium。如果出现如图 11.19 所示界面，则表明 Appium 运行成功。

11.3.3 自动化脚本编写

作为测试脚本，本节选用 Android 模拟器自带计算器软件进行演示，代码如下：

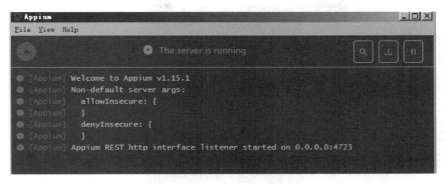

图 11.19　Appium 运行界面

```
#第 11 章/calculatorDemo.py
from appium import webdriver
from time import sleep

desired_caps = {}
desired_caps['platformName'] = 'Android'
desired_caps['platformVersion'] = '4.4'
desired_caps['deviceName'] = 'Android Emulator'
desired_caps['appPackage'] = 'com.android.calculator2'
desired_caps['appActivity'] = '.Calculator'
driver = webdriver.Remote('http://localhost:4723/wd/hub', desired_caps)
driver.find_element_by_id("com.android.calculator2:id/digit7").click()
driver.find_element_by_id("com.android.calculator2:id/plus").click()
driver.find_element_by_id("com.android.calculator2:id/digit4").click()
driver.find_element_by_id("com.android.calculator2:id/equal").click()
sleep(2)
driver.quit()
```

代码中运行参数需要用 adb 命令连接 Android 模拟器进行获取操作。本例仅作为运行演示，参数获取方式将在 11.4 节进行介绍。几项参数释义如下所示。

（1）platformName：这里是操作系统名称。

（2）deviceName：手机设备名称，通过 adb devices 查看。

（3）platformVersion：Android 操作系统的版本号。

（4）appPackage：Android 应用的包名。

（5）appActivity：Android 应用的 launcherActivity（启动器）。

11.3.4　运行自动化脚本

将上节脚本置入 PyCharm 中运行，则可监控到如图 11.20 所示界面，计算器打开，依脚本所写进行运算。

图 11.20　自动化运行界面

11.4　adb 命令基础

Android 调试桥（adb）是一款 App 自动化测试必备的命令行工具。它可通过命令的方式与设备之间进行通信，例如查询设备信息、软件包名称、软件安装及卸载等操作。adb 也提供了对 UNIX Shell 的访问权限，可以在 Android 系统上运行各种 UNIX 命令。

adb 包含在 Android SDK 平台工具软件包中。本章前面配置的 Android 环境中已内置了这款工具，它位于 android_sdk/platform-tools 下。后面章节会用到这款工具对软件进行相关信息的查看。使用这款工具的基础是命令，本节将以三组常用 adb 命令来讲解它的基础使用方法。

11.4.1　查看设备命令

1. 查看当前设备连接

adb devices：用于查看当前连接的设备或者模拟器的连接情况，如图 11.21 所示。本命令所查询的 device 参数 emulator-5554

图 11.21　adb 查询模拟器驱动名称

即为模拟自动化脚本中 deviceName 所对应的参数。这通常是使用 adb 命令连接手机或模拟器的第一步操作。

2. 查看设备序列号

adb get-serialno：查看设备序列号。此命令与 adb devices 相似。如果确认设备已处于连接状态，可直接使用此命令进行设备序列号的查看，如图 11.22 所示。

3. 查看设备型号

adb shell getpropro.product.model：用来查看连接设备型号。此命令实际上使用了 shell 命令。也可先在命令行键入 adb shell 回车，待进入 shell 编译器后再输入 getpropro.product.model，其效果相同。

4. 查看屏幕分辨率

adb shell wm size：查看屏幕分辨率。当一些自动化脚本需要在特定分辨率下执行时，可执行此命令获取屏幕分辨率，再根据需要进行分辨率的设置。查看如图 11.23 所示。

图 11.22　查看设备序列号

图 11.23　查看屏幕分辨率

5. 获取 apk 包名

adb shell pm list packages：查看 Android 系统上所有已安装的软件包名，如图 11.24 所示。软件包名为 packages 后面显示部分。所查询出的软件包名为自动化测试脚本中参数 appPackage 的值。图 11.24 中最后一行所示包名即为 11.3.3 节计算器自动化脚本中 appPackage 参数的值。

图 11.24　获取 apk 包名

6. 获取 Android 系统版本号

adb shell getprop ro.build.version.release：查看 Android 系统版本号。11.3.3 节自动化脚本中参数 platformVersion 的值即是通过此命令查询出来的。命令查询结果如图 11.25 所示。

图 11.25　获取 Android 系统版本号

11.4.2　安装卸载命令

安装卸载操作可通过界面手工操作的方式完成。App 软件处于内网测试环境下，本身并不能直接在手机或者模拟器上完成安装。此时,以命令方式在 PC 端完成安装或卸载操作则更为便捷。

1．安装命令

安装 App：adb install < apk 文件路径>。

此处 apk 文件路径为 PC 端文件所处位置。安装示例如图 11.26 所示。

图 11.26　示例 App 安装过程

2．卸载命令

卸载 App：adb uninstall <软件名>或 adb uninstall-k <软件名>。

如果加-k 参数,则卸载软件但是保留应用配置和缓存文件。卸载示例如图 11.27 所示。软件名通过 adb shell pm list packages 方式查出。

图 11.27　示例 App 卸载过程

11.4.3　文件推送命令

在 App 内网测试过程中,有时需要预先在手机上导入测试数据文件,或者从手机系统内导出测试过程中生成的 LOG 文件。最便捷的文件导入或导出方式就是使用 adb 命令的方式来完成。

1．从手机推送到计算机

命令格式：adb pull (手机)路径/文件　(计算机)/Users/路径。

例如将手机 etc 下的 hosts 文件导出到计算机用户主目录下,命令如下：

```
adb pull etc/hosts D:/test/
```

2．从计算机推送到手机

命令格式：adb push (计算机)/Users/路径/文件　(手机)/路径。

例如将计算机中用户主目录下 test.sql 文件导入手机 hehe 目录下,命令如下：

```
adb push D:/test/text.txt sdcard/hehe/
```

第 12 章 App 元素定位实战

移动端 App 软件元素定位原理与 Web 端相仿,都通过待操作元素属性的唯一性来完成定位操作,但定位实现方法略有不同。PC 端 Web 页面元素定位可以使用浏览器自带 F12 工具来完成。移动端 App 元素定位需要借助外部定位工具来完成。本章重点讲解两种常见 App 定位元素获取工具的使用,以及几种基础元素定位方法的实现。

12.1 uiautomatorviewer

12.1.1 uiautomatorviewer 介绍

uiautomatorviewer 是 Android SDK 自带的一个元素定位工具。通过截屏并分析 XML 布局文件的方式提供控件信息查看服务。使用 uiautomatorviewer,可以检查 App 应用的 UI 来查看应用的布局和组件及相关的属性。该工具位于 SDK 目录下的 tools 子目录下,如图 12.1 所示。

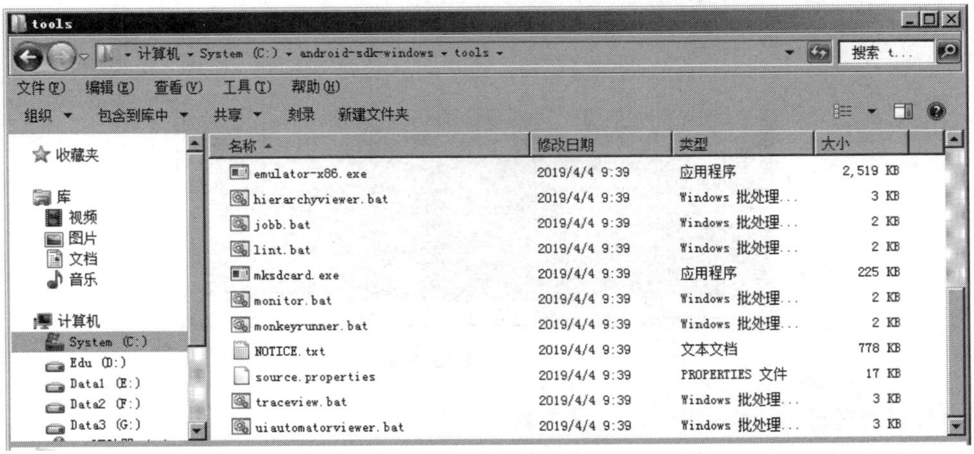

图 12.1 uiautomatorviewer 所在目录

uiautomatorviewer 的工作界面分为 4 个区,如图 12.2 所示。

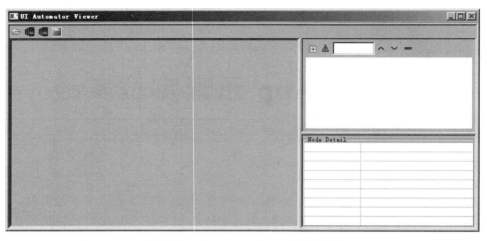

图 12.2　uiautomatorviewer 工作界面

（1）工作栏区显示 4 个常用功能按钮：打开已保存的布局、获取详细布局（所有控件布局）、获取简洁布局（可操作控件布局）、保存布局。

（2）截图区：显示当前屏幕显示的布局图片。

（3）布局区：以 XML 树的形式显示控件布局。

（4）控件属性区：显示选中控件属性信息。

12.1.2　uiautomatorviewer 定位

uiautomatorviewer 使用流程如下。

（1）打开模拟器。

（2）打开命令提示符窗口。

（3）输入 adb devices 命令，回车后可进行验证设备连接情况，如图 12.3 所示。

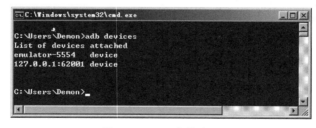

图 12.3　adb 连接验证

（4）双击运行 uiautomatorviewer 工具。

（5）单击"获取详细布局"按钮，获取结果如图 12.4 所示。

当 uiautomatorviewer 进行元素捕获时，与 Android SDK 自带模拟器之间的配合更为默契。当模拟器为第三方软件时，有时会出现布局获取失败或元素捕获失败的情况。

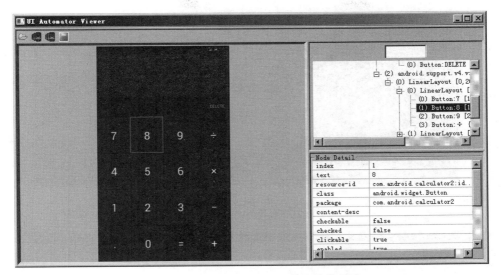

图 12.4 uiautomatorviewer 获取控件元素

需要注意的是,当 PC 端已连接了不止一个设备时,使用 uiautomatorviewer 获取控件布局时,会出现一个设备选择框,如图 12.5 所示。

图 12.5 设备选择框

12.2 Appium Inspector

Inspector 是 Appium 工具自带的一款元素定位查找工具。早期主要在 Mac OS 系统上使用,随着 Appium 版本升级,Inspector 的稳定性和兼容性也得到了很大提升。在日常 App 自动化脚本元素定位查找时,推荐使用 Inspector 工具。

首先启动 Appium 服务,在弹出启动窗口中单击右上角查找图标,如图 12.6 和图 12.7 所示。

12.2.1 设置 Appium

在弹出 Automatic Server 配置界面需要填写连接模拟器中被测软件所需参数。此处使用第 10 章连接模拟器中的计算器所使用的以下几组参数。

(1) desired_caps['platformName'] = 'Android'。

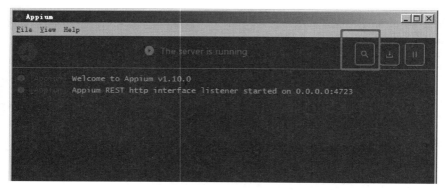

图 12.6　Inspector 打开位置

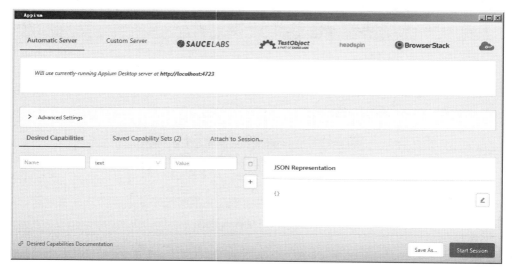

图 12.7　Automatic Server 配置界面

(2) desired_caps['platformVersion'] = '4.4'。
(3) desired_caps['deviceName'] = 'Android Emulator'。
(4) desired_caps['appPackage'] = 'com.android.calculator2'。
(5) desired_caps['appActivity'] = '.Calculator'。

将以上参数填入 Automatic Server 的 Desired Capabilities 中，填写完成后效果如图 12.8 所示。

12.2.2　开启 Inspector

设置完 Desired Capabilities 参数后，在模拟器中启动计算器程序，然后单击 Start Session 按钮启动 Inspector，如图 12.9 所示。

第12章　App元素定位实战　173

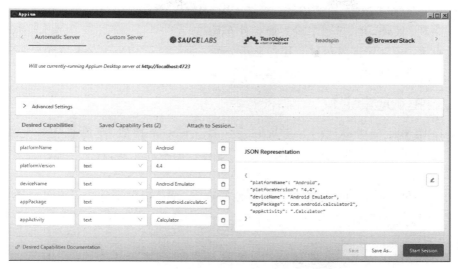

图 12.8　Desired Capabilities 参数配置

图 12.9　Inspector 启动界面

Inspector 启动成功后，它的界面主要有 4 个分区。

(1) 左边：截图手机界面。

(2) 顶部：操作栏，显示操作功能按钮。主要操作按钮分为 Select Element(选择元素)、Swipe By Coordinates(选择滑动的起始和结束位置，主要用作手机滑动操作)、Tap By Coordinates(左侧截图界面操作同步手机模式)、Back(模拟 Android 的返回键)、Refresh Source & Screenshot(刷新页面，重新获取手机当前界面)、Start Recording(录制操作，Tap By Coordinates 状态下有效)、Search for element(校验定位表达式)、Copy XML Source to

Clipboard(复制 XML 树)、Quit Session & Close Inspector(退出当前 Session)。

（3）中间：XML 树，显示手机界面控件布局。

（4）右边：控件属性显示区。控件显示分为 3 种：Tap(相当于单击该元素)、Send Keys(输入值，针对输入框的操作)、Clear(清空所有值)。

12.2.3　元素定位

Inspector 获取元素属性的方法与 uiautomatorviewer 相似，在顶部工具栏选择 Select Element 按钮，然后在左侧软件截图中选择需要查看的控件元素，右侧会显示控件属性及参数值。

属性区提供了很多可供定位选择的属性参数，甚至还提供了选中元素的 XPath 完整路径。其中常用的定位方法有 5 种：id 定位、name 定位、classname 定位、accessibility_id 定位、XPath 定位。

其中，工具提供的 XPath 路径为元素的绝对路径，通常不建议使用。只有在其他定位方法均失效的情况下，可以临时替代使用，其定位不稳定程度仅次于坐标定位方法。

12.2.4　录制操作脚本

Inspector 还提供了一种通过录制操作步骤生成定位脚本的方法。可切换导出不同的脚本语言。目前支持 Java、JavaScript、Python、Ruby、Robot Framework 几种语言。

使用方法很简单，首先使用 Inspector 获取 App 界面，依次按下 Start Recording 按钮、Tap By Coordinates 按钮，在左侧截屏中操作软件，在 Recorder 中会显示生成的操作脚本。

以 Python 为例，在模拟器自带计算器中生成 Python 操作脚本，如图 12.10 所示。

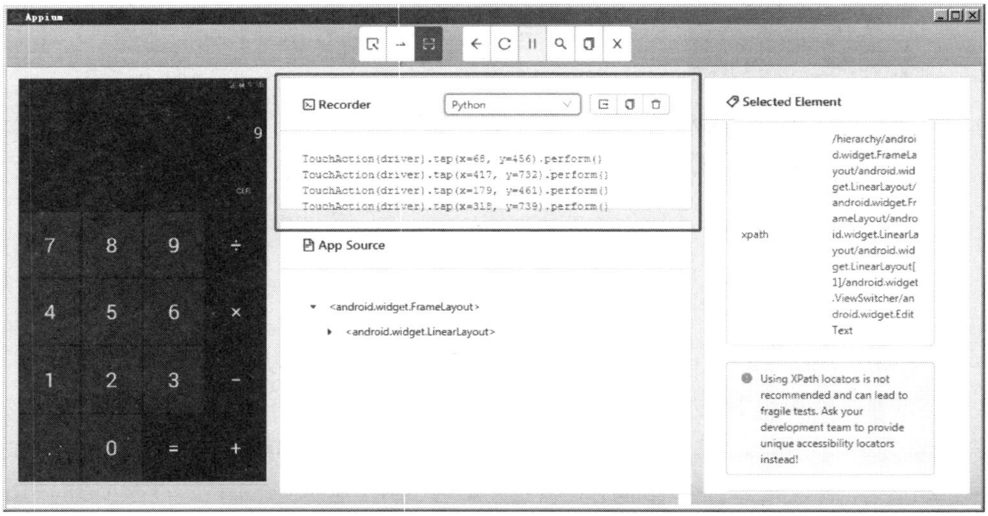

图 12.10　录制生成操作脚本

可以看到生成操作脚本是以屏幕坐标为基础进行控件元素的操作的。当软件页面控件位置发生变更后,控件元素定位失效。自动化测试脚本在进行真机兼容性测试时,由于不同机型屏幕大小和分辨率会有所差异,这也会出现元素定位异常,因此,通常在自动化测试用例中定位元素不推荐这种方法。当其他方法均无法完成控件元素定位,且自动化脚本以模拟器运行为主时,可以考虑这种方法。

12.3 4种属性定位方法

基于 Appium 的自动化测试与 Selenium 的自动化测试非常相似,二者本身也有很强的继承关系。本节不再详述每种定位方法的适用场景,这些在 Selenium 部分已经讲解过了。接下来以几款 App 为例,分别对 4 种属性进行示例。重点是学会定位元素及查找启动 App 所需参数的方法。

12.3.1 ID 定位

在编写自动化测试脚本前,首先要确认启动参数中的 appPackage 位置参数和 appActivity 启动器参数。以一款五子棋应用为例,如图 12.11 所示。

App 启动后,打开命令提示行窗口,输入 adb shell 命令并按下回车键执行,进入 shell 后输入 dumpsys activity | grep mFocusedActivity 命令按下回车键执行,如图 12.12 所示。

图 12.11 五子棋界面

图 12.12 启动参数查询

其中,appPackage 取值为 com.itwonder.wuziqi,appActivity 取值为 com.laodu.cn.qinghua.GameActivity。

通过以上两组参数取值与图 12.12 对比,就可以轻松获取启动参数。大家在练习本章内容时可选用任意 App 进行操作。

通过查看控件元素可知,界面上 4 个按钮对应的 ID 值如下。

(1) 人机对战:com.itwonder.wuziqi:id/game_oneButton。

(2) 双人对战：com.itwonder.wuziqi:id/game_twoButton。

(3) 分享：com.itwonder.wuziqi:id/game_shareButton。

(4) 好评：com.itwonder.wuziqi:id/game_setButton。

此界面ID值命名清晰，以ID方式进行控件元素定位方便。接下来以ID属性值的方式完成双人对战开局流程的脚本，代码如下：

```python
#第12章/location_id.py
from appium import webdriver
from time import sleep

desired_caps = {}
desired_caps['platformName'] = 'Android'
desired_caps['platformVersion'] = '4.4'
desired_caps['deviceName'] = '127.0.0.1:62001'
desired_caps['appPackage'] = 'com.itwonder.wuziqi'
desired_caps['appActivity'] = 'com.laodu.cn.qinghua.GameActivity'
desired_caps['unicodeKeyboard'] = True
desired_caps['resetKeyboard'] = True
driver = webdriver.Remote('http://localhost:4723/wd/hub', desired_caps)
sleep(5)

#单击"双人对战"按钮
driver.find_element_by_id('com.itwonder.wuziqi:id/game_twoButton').click()
sleep(2)
#单击"开局"按钮
driver.find_element_by_id('com.itwonder.wuziqi:id/main_startButton').click()
sleep(2)

driver.quit()
```

12.3.2 NAME定位

NAME方法定位所获取的值是控件属性text的值。由于text属性的稳定性不好，Appium在1.5版时取消了find_element_by_name()方法，不过在驱动中此方法仍然可见。此处将其列出，后面XPath定位时可以使用。界面如图12.13所示。

下面是图12.13所框选天气模块中当时气温的定位参数截图，如图12.14所示。

12.3.3 CLASS定位

以CLASS属性值的方式完成M版百度搜索功能，如图12.15所示。

通过获取页面元素代码可以看到，需要定位的CLASS值并不唯一，此时需要通过搜索元素属性值来确认元素个数，单击上方搜索图标输入需要检索的内容，如图12.16所示。

第12章　App元素定位实战　177

图 12.13　百度浏览器 App 首页　　　　图 12.14　天气模块中温度 text 参数

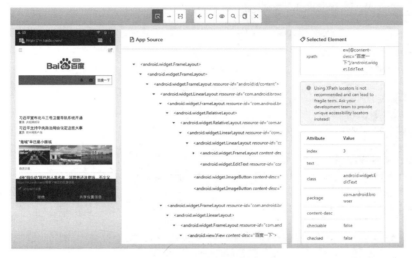

图 12.15　M 版百度首页

图 12.16　元素属性搜索

最后根据查找结果实现自动搜索功能,代码如下:

```python
#第12章/location_app_class.py
from appium import webdriver
from time import sleep

desired_caps = {}
desired_caps['platformName'] = 'Android'
desired_caps['platformVersion'] = '4.4'
desired_caps['deviceName'] = '127.0.0.1:62001'
desired_caps['appPackage'] = 'com.android.browser'
desired_caps['appActivity'] = '.BrowserActivity'
desired_caps['unicodeKeyboard'] = True
desired_caps['resetKeyboard'] = True
driver = webdriver.Remote('http://localhost:4723/wd/hub', desired_caps)
sleep(10)

#打开百度M版网站
driver.get('http://m.baidu.com/')
sleep(5)
#单击记住偏好设置"拒绝"按钮
driver.find_elements_by_class_name('android.widget.Button')[1].click()
sleep(5)
driver.find_elements_by_class_name('android.widget.EditText')[1].click()
sleep(5)
driver.find_elements_by_class_name('android.widget.EditText')[1].send_keys('思课帮')
sleep(5)
driver.find_elements_by_class_name('android.widget.Button')[0].click()
sleep(5)

driver.quit()
```

12.3.4　accessibility_id定位

accessibility_id在Android里用于获取content-desc属性值,类似于Selenium定位中的text值。使用M版百度完成打开视频页的操作,代码如下:

```python
#第12章/location_app_accessibility_id.py
from appium import webdriver
from time import sleep

desired_caps = {}
desired_caps['platformName'] = 'Android'
desired_caps['platformVersion'] = '4.4'
```

```python
desired_caps['deviceName'] = '127.0.0.1:62001'
desired_caps['appPackage'] = 'com.android.browser'
desired_caps['appActivity'] = '.BrowserActivity'
desired_caps['unicodeKeyboard'] = True
desired_caps['resetKeyboard'] = True
driver = webdriver.Remote('http://localhost:4723/wd/hub', desired_caps)
sleep(10)

#打开百度 M 版网站
driver.get('http://m.baidu.com/')
sleep(5)
driver.find_elements_by_class_name('android.widget.Button')[1].click()
sleep(5)
#单击"视频"按钮
driver.find_element_by_accessibility_id('视频').click()
sleep(5)

driver.quit()
```

12.4　XPath 定位方法

XPath 元素定位方法在 Appium 中使用频率很高。使用技巧与 Selenium 中所介绍方法基本通用。Appium 原本就是在 Selenium 模块的基础上进行二次开发出来的。本节主要介绍在 App 自动化测试脚本中使用频率较高的几种方法。

12.4.1　基本元素定位

1. 唯一元素定位

唯一元素定位是 XPath 最基本的定位方式。唯一元素也分为绝对路径和相对路径两种，由于绝对路径实用性不高，此处只介绍相对路径。有以下 3 种定位表示方式。

(1) name 唯一：//*[@text="text 属性取值"]。
(2) id 唯一：//*[@resource-id="id 属性取值"]。
(3) class 唯一：//class 属性、//*[@class="class 属性取值"]。

此处以百度浏览器 App 进行示例，代码如下：

```python
#第 12 章/location_xpath.py
from appium import webdriver
from time import sleep

desired_caps = {}
desired_caps['platformName'] = 'Android'
```

```
desired_caps['platformVersion'] = '4.4'
desired_caps['deviceName'] = '127.0.0.1:62001'
desired_caps['appPackage'] = 'com.baidu.browser.apps_sj'
desired_caps['appActivity'] = 'com.baidu.browser.framework.BdBrowserActivity'
desired_caps['unicodeKeyboard'] = True
desired_caps['resetKeyboard'] = True
driver = webdriver.Remote('http://localhost:4723/wd/hub', desired_caps)
sleep(10)

#使用name方式定位,单击"天气"按钮
driver.find_element_by_xpath('//*[@text="15℃ "]').click()
sleep(5)
#返回百度App首页
driver.back()
sleep(5)

driver.quit()
```

2. 元素组合定位

当一种元素在页面中不唯一,除了使用 find_elements 方法获取后再取唯一值进行定位外,也可以使用两种及以上的元素属性进行定位,使元素组合在页面中唯一。组合定位有以下两种表现方式:

(1) //*[@text="text 属性值"][@class="class 属性值"]。

(2) //*[@text="text 属性值"and @class="class 属性值"]。

此例仍然使用百度 App 首页进行示例,代码如下:

```
#第12章/location_xpath2.py
from appium import webdriver
from time import sleep

desired_caps = {}
desired_caps['platformName'] = 'Android'
desired_caps['platformVersion'] = '4.4'
desired_caps['deviceName'] = '127.0.0.1:62001'
desired_caps['appPackage'] = 'com.baidu.browser.apps_sj'
desired_caps['appActivity'] = 'com.baidu.browser.framework.BdBrowserActivity'
desired_caps['unicodeKeyboard'] = True
desired_caps['resetKeyboard'] = True
driver = webdriver.Remote('http://localhost:4723/wd/hub', desired_caps)
sleep(10)

#使用name与class组合方式定位,单击"天气"按钮
driver.find_element_by_xpath('//*[@text="15℃ " and @class="android.widget.TextView"]'
).click()
```

```
sleep(5)
#返回百度 App 首页
driver.back()
sleep(5)

driver.quit()
```

12.4.2 元素模糊定位

在 Selenium 元素定位中讲解了 3 种元素模糊定位方法,此处以 contains 为例进行示例。

contains 是模糊匹配元素任意部分的定位方法,对于一个元素的 id 或者 text 不固定,但有一部分是固定的,无论固定部分处于属性值的哪个位置,都可以使用 contains 进行模糊匹配。表达方式有以下两种。

(1) //[contains(@resource-id,"id 属性")]。

(2) //[contains(@clsss,"class 属性")]。

此处以 12.1.1 节中五子棋 App 进行示例,代码如下:

```
#第 12 章/location_app_vague.py
from appium import webdriver
from time import sleep

desired_caps = {}
desired_caps['platformName'] = 'Android'
desired_caps['platformVersion'] = '4.4'
desired_caps['deviceName'] = '127.0.0.1:62001'
desired_caps['appPackage'] = 'com.itwonder.wuziqi'
desired_caps['appActivity'] = 'com.laodu.cn.qinghua.GameActivity'
desired_caps['unicodeKeyboard'] = True
desired_caps['resetKeyboard'] = True
driver = webdriver.Remote('http://localhost:4723/wd/hub', desired_caps)
sleep(5)

#单击"双人对战"按钮
driver.find_element_by_xpath('//*[contains(@resource-id,"twoButton")]').click()
sleep(2)
#单击"开局"按钮
driver.find_element_by_xpath('//*[contains(@resource-id,"startButton")]').click()
sleep(2)

driver.quit()
```

12.4.3 层级定位

当层级定位无法通过属性定位到目标控件元素时,可采用以下 3 种方式进行间接定位。

(1) 父子定位: //父元素/子元素。

(2) 子父定位: //子元素/../子元素/parent::*。

(3) 兄弟定位: //子元素/../子元素。

使用五子棋 App 进行示例,代码如下:

```python
#第12章/location_app_level.py
from appium import webdriver
from time import sleep

desired_caps = {}
desired_caps['platformName'] = 'Android'
desired_caps['platformVersion'] = '4.4'
desired_caps['deviceName'] = '127.0.0.1:62001'
desired_caps['appPackage'] = 'com.itwonder.wuziqi'
desired_caps['appActivity'] = 'com.laodu.cn.qinghua.GameActivity'
desired_caps['unicodeKeyboard'] = True
desired_caps['resetKeyboard'] = True
driver = webdriver.Remote('http://localhost:4723/wd/hub', desired_caps)
sleep(5)

#通过父子关系定位,单击"双人对战"按钮
driver.find_element_by_xpath('//*[@class="android.widget.RelativeLayout"]/android.widget.LinearLayout/android.widget.Button[2]').click()
sleep(2)

#单击"开局"按钮
driver.find_element_by_xpath('//*[contains(@resource-id,"startButton")]').click()
sleep(2)

driver.quit()
```

第 13 章 基于 App 的 WebDriver API 应用实战

Appium 下的很多 API 操作与 Selenium 是通用的，除了少数 Web 浏览器在 PC 端进行专属操作外，大多数可以直接在 App 自动化测试脚本中实现同样操作。Selenium 下与鼠标及键盘相关的操作占多数，在 Appium 下则是与手势相关的单击、滑动操作居多。本章重在展示一些 App 下特有的操作示例。

13.1 属性获取操作

属性获取操作的作用有两个：一是根据获取数据进行后续设置，例如获取屏幕分辨率；二是根据获取属性对脚本执行结果进行判断。常用获取和操作 API 主要有以下几种。

（1）text(self)：element.text 获取控件的文本信息。

（2）click(self)：element.click 单击控件。

（3）clear(self)：element.click 清空文本控件的内容。

（4）is_enabled(self)：判断控件是否可用，如可用则返回值为 true。

（5）is_selected(self)：判断控件是否被选中，如选中则返回值为 true。

（6）is_displayed(self)：判断控件是否显示，如显示则返回值为 true。

13.1.1 控件文本获取实例

以微信 App 为例，首次打开微信时，会提示注册或登录，首先完成输入登录名称操作，然后清空并获取页面文本信息，代码如下：

```
#第13章/text_click_clear.py
from appium import webdriver
from time import sleep

desired_caps = {
    'platformName': 'Android',
    'platformVersion': '4.4.2',
    'deviceName': '127.0.0.1:62001',
```

```python
    'appPackage': 'com.tencent.mm',
    'appActivity': 'com.tencent.mm.ui.LauncherUI'}

driver = webdriver.Remote('http://localhost:4723/wd/hub', desired_caps)
sleep(20)

# 单击登录选项
driver.find_element_by_xpath('//*[@resource-id="com.tencent.mm:id/e4f"]').click()
sleep(2)
# 输入登录名称
driver.find_element_by_xpath('//*[@resource-id="com.tencent.mm:id/dtz"]/android.widget.EditText').send_keys(
    'Thinkerbang')
sleep(3)
# 清空输入内容
driver.find_element_by_xpath('//*[@resource-id="com.tencent.mm:id/dtz"]/android.widget.EditText').clear()
sleep(2)

# 获取页面文本信息
text = driver.find_element_by_id('com.tencent.mm:id/dtx').text
# 打印获取文本
print(text)

driver.quit()
```

13.1.2 获取控件可用性操作

获取微信登录页面登录按钮是否可操作,代码如下:

```python
# 第13章/get_enabled.py
from appium import webdriver
from time import sleep

desired_caps = {
    'platformName': 'Android',
    'platformVersion': '4.4.2',
    'deviceName': '127.0.0.1:62001',
    'appPackage': 'com.tencent.mm',
    'appActivity': 'com.tencent.mm.ui.LauncherUI'}

driver = webdriver.Remote('http://localhost:4723/wd/hub', desired_caps)
sleep(20)

# 获取登录按钮可用状态
```

```
text = driver.find_element_by_xpath('//*[@resource-id="com.tencent.mm:id/e4f"]').is_
enabled()
#打印获取结果
print(text)

driver.quit()
```

13.1.3　获取控件是否选中操作

获取微信登录页面登录按钮是否被选中,代码如下:

```
#第13章/get_selected.py
from appium import webdriver
from time import sleep

desired_caps = {
    'platformName': 'Android',
    'platformVersion': '4.4.2',
    'deviceName': '127.0.0.1:62001',
    'appPackage': 'com.tencent.mm',
    'appActivity': 'com.tencent.mm.ui.LauncherUI'}

driver = webdriver.Remote('http://localhost:4723/wd/hub', desired_caps)
sleep(20)

#获取登录按钮是否被选中
text2 = driver.find_element_by_xpath('//*[@resource-id="com.tencent.mm:id/e4f"]').is_
selected()
#打印获取结果
print(text2)

driver.quit()
```

13.1.4　获取控件是否显示操作

获取微信登录页面登录按钮是否显示状态,代码如下:

```
#第13章/get_displayed.py
from appium import webdriver
from time import sleep

desired_caps = {
    'platformName': 'Android',
```

```python
    'platformVersion': '4.4.2',
    'deviceName': '127.0.0.1:62001',
    'appPackage': 'com.tencent.mm',
    'appActivity': 'com.tencent.mm.ui.LauncherUI'}

driver = webdriver.Remote('http://localhost:4723/wd/hub', desired_caps)
sleep(20)

# 获取登录按钮显示状态
text = driver.find_element_by_xpath('//*[@resource-id="com.tencent.mm:id/e4f"]').is_displayed()
# 打印获取结果
print(text)

driver.quit()
```

13.2 手势响应操作

手势操作是移动端软件使用最多的一种操作。常见的手势操作有滑动、单击、缩放、拖曳等。本节主要对以上几种手势操作进行演示。

13.2.1 滑动操作

滑动操作就是手指按下后朝一个方向移动，有点类似于拖曳操作。不同的是滑动操作是以坐标为操作目标进行移动的，而拖曳操作是以控件为操作目标进行移动的。

滑动方法：swipe(self,start_x,start_y,end_x,end_y,duration=None)。

实现功能：从 A 点(start_x，start_y)移动到 B 点(end_x，end_y)。

其中滑动时间 duration 以毫秒为单位，通过 x=self.driver.get_window_size()['width']、y=self.driver.get_window_size()['height']获取屏幕大小。

接下来以手机百度地图为例，进行滑动操作演示，代码如下：

```python
# 第13章/gesture_swipe.py
from appium import webdriver
from time import sleep

desired_caps = {
    'platformName': 'Android',
    'platformVersion': '4.4.2',
    'deviceName': '127.0.0.1:62001',
    'appPackage': 'com.baidu.BaiduMap',
    'appActivity': 'com.baidu.baidumaps.MapsActivity'}
```

```
driver = webdriver.Remote('http://localhost:4723/wd/hub', desired_caps)

#单击询问提示弹窗"同意"按钮
driver.find_element_by_id('com.baidu.BaiduMap:id/ok_btn').click()
#单击"进入地图"按钮
driver.find_element_by_id('com.baidu.BaiduMap:id/btn_enter_map').click()
#关闭提示弹窗
driver.find_element_by_id('com.baidu.BaiduMap:id/guide_close').click()

#连续单击5次缩小按钮,扩大地图可视范围
for i in range(5):
    driver.find_element_by_id('com.baidu.BaiduMap:id/zoom_out').click()
    sleep(1)

#注意滑动范围与移动端屏幕分辨率有关
driver.swipe(100, 600, 100, 100, duration = 500)  #下滑:加载
sleep(1)
driver.swipe(20, 300, 300, 300, duration = 500)  #左滑
sleep(1)
driver.swipe(100, 100, 100, 600, duration = 500)  #上滑:刷新
sleep(1)
driver.swipe(300, 300, 20, 300, duration = 500)  #右滑
sleep(5)

driver.quit()
```

13.2.2 单击操作

移动端手势单击操作有很多种,从严格意义上来划分,滑动操作和长按操作也属于单击操作中的一项。在移动端App中,除了按钮控件使用click()进行操作外,其他与单击相关的操作都可以使用tap()来完成。能定位控件元素的,尽量使用click()进行单击操作,因为tap()是根据控件所在坐标进行单击定位的,不同手机分辨率会导致操作控件所在坐标不同,从而使tap()出现单击失败的可能。

单击方法:tap(self,positions,duration=None)。

单击实现:positions列表提供一组坐标,duration参数省略。positions是一个列表,可以有多组坐标,duration单位是毫秒。

长按实现:positions列表提供一组坐标,duration参数设置为长按持续时间。

多手指单击实现:positions列表提供一组以上坐标,最多支持5组参数,用来模拟5个手指按下。

tap()单击和长按操作均可以在手机百度地图中实现。百度地图在一些版本中会加入手工翻页启动画面。在地图中长按会出现定位图标,如图13.1和图13.2所示。

图 13.1　手机百度地图手工翻页　　　　图 13.2　长按定位标识

使用 tap()进行翻页和长按操作,代码如下:

```
#第13章/gesture_tap.py
from appium import webdriver
from time import sleep

desired_caps = {
    'platformName': 'Android',
    'platformVersion': '4.4.2',
    'deviceName': '127.0.0.1:62001',
    'appPackage': 'com.baidu.BaiduMap',
    'appActivity': 'com.baidu.baidumaps.WelcomeScreen'}

driver = webdriver.Remote('http://localhost:4723/wd/hub', desired_caps)
sleep(10)

#单击启动提示弹窗"同意"按钮
driver.find_element_by_id('com.baidu.BaiduMap:id/ok_btn').click()

#获取当前屏幕的 x、y 大小
x = driver.get_window_size()['width']
```

```
y = driver.get_window_size()['height']

# 使用 swipe()进行两次滑屏操作
driver.swipe(x - 50, y / 2, 50, y / 2, duration = 500)   # 左滑
sleep(1)
driver.swipe(x - 50, y / 2, 50, y / 2, duration = 500)   # 左滑
sleep(1)

# 单击"立即体验"按钮
driver.find_element_by_id('com.baidu.BaiduMap:id/btn_enter_map').click()

# 关闭提示弹窗
driver.find_element_by_xpath('//*[@text = "知道了"]').click()
sleep(1)
driver.find_element_by_id('com.baidu.BaiduMap:id/guide_close').click()
sleep(1)

# 在屏幕正中使用 tap()进行单击操作,收起路线导航
driver.tap([(x / 2, y / 2)])
sleep(1)

# 在屏幕正中使用 tap()进行长按操作,出现定位标识
driver.tap([(x / 2, y / 2)], 2000)

# 连续单击 5 次缩小按钮,扩大地图可视范围
for i in range(5):
    driver.find_element_by_id('com.baidu.BaiduMap:id/zoom_out').click()
    sleep(1)

# 注意滑动范围与移动端屏幕分辨率有关
driver.swipe(100, 600, 100, 100, duration = 500)   # 下滑:加载
sleep(1)
driver.swipe(20, 300, 300, 300, duration = 500)   # 左滑
sleep(1)
driver.swipe(100, 100, 100, 600, duration = 500)   # 上滑:刷新
sleep(1)
driver.swipe(300, 300, 20, 300, duration = 500)   # 右滑
sleep(5)

driver.quit()
```

13.2.3 缩放操作

App 中的手势缩放也是很常见的一种操作。Appium 实际上是通过放大和缩小两组方法实现这一操作的。

缩小方法：pinch(self,element=None,precent=200,step=50)。其中,element 为执行缩小操作控件,precent 设置缩小比例,默认缩放比例为 200%,step 设置缩小动作完成分步数,默认值为 50。

放大方法：zoom(self,element=None,precent=200,step=50)。其中,element 为执行放大操作控件,precent 设置放大比例,默认缩放比例为 200%,step 设置放大动作完成分步数,默认值为 50。

以上是 Appium 给出的与缩放相关的两种方法的解释。在实际使用过程中你会发现两种方法在执行过程中都会报错。Appium 官方也未宣称这两种方法的替代方案,每次版本更新时都原样保留下来。为了能够在 App 中实现缩放操作,自定义两种方法来替代原有方法,代码如下：

```python
#第 13 章/zoom_pinch.py
from appium.webdriver.common.touch_action import TouchAction
from appium.webdriver.common.multi_action import MultiAction

def pinch(driver):
    x = driver.get_window_size()['width']
    y = driver.get_window_size()['height']
    act_one = TouchAction(driver)
    act_two = TouchAction(driver)
    act_one.press(x = x * 0.2, y = y * 0.2).wait(500).move_to(x = x * 0.4, y = y * 0.4).wait(500).release()
    act_two.press(x = x * 0.8, y = y * 0.8).wait(500).move_to(x = x * 0.4, y = y * 0.4).wait(500).release()
    act_zoom = MultiAction(driver)
    act_zoom.add(act_one,act_two)
    act_zoom.perform()

def zoom(driver):
    x = driver.get_window_size()['width']
    y = driver.get_window_size()['height']
    act_one = TouchAction(driver)
    act_two = TouchAction(driver)
    act_one.press(x = x * 0.4, y = y * 0.4).wait(500).move_to(x = x * 0.2, y = y * 0.2).wait(500).release()
    act_two.press(x = x * 0.4, y = y * 0.4).wait(500).move_to(x = x * 0.8, y = y * 0.8).wait(500).release()
    act_zoom = MultiAction(driver)
    act_zoom.add(act_one, act_two)
    act_zoom.perform()
```

使用自定义 zoom() 和 pinch() 在百度地图中实现连续缩放的效果,代码如下：

```python
# 第13章/gesture_pinch_zoom.py
from appium import webdriver
from time import sleep
from books13.zoom_pinch import pinch,zoom


desired_caps = {
    'platformName': 'Android',
    'platformVersion': '4.4.2',
    'deviceName': '127.0.0.1:62001',
    'appPackage': 'com.baidu.BaiduMap',
    'appActivity': 'com.baidu.baidumaps.WelcomeScreen'}

driver = webdriver.Remote('http://localhost:4723/wd/hub', desired_caps)
sleep(10)

# 单击启动提示弹窗"同意"按钮
driver.find_element_by_id('com.baidu.BaiduMap:id/ok_btn').click()

# 获取当前屏幕的x、y大小
x = driver.get_window_size()['width']
y = driver.get_window_size()['height']

# 使用swipe()进行两次滑屏操作
driver.swipe(x - 50, y / 2, 50, y / 2, duration = 500)  # 左滑
sleep(1)
driver.swipe(x - 50, y / 2, 50, y / 2, duration = 500)  # 左滑
sleep(1)

# 单击"立即体验"按钮
driver.find_element_by_id('com.baidu.BaiduMap:id/btn_enter_map').click()
sleep(4)
# 关闭提示弹窗
driver.find_element_by_xpath('//*[@text="知道了"]').click()
sleep(1)
driver.find_element_by_id('com.baidu.BaiduMap:id/guide_close').click()
sleep(1)

# 在屏幕正中使用tap()进行单击操作,收起路线导航
driver.tap([(x / 2, y / 2)])
sleep(1)

# 连续调用pinch()3次进行缩小,扩大地图可视范围
for i in range(3):
    pinch(driver)
```

```
        sleep(1)

    sleep(2)

    ♯连续调用 zoom()3 次进行放大,放大地图局部范围
    for i in range(3):
        zoom(driver)
        sleep(1)

    sleep(2)

    driver.quit()
```

13.2.4 滚动操作

滚动操作是实现滑动操作的方法之一,与 swipe()方法不同,scroll()是通过控件实现滑动起点和终点的。

滚动方法:scroll(self,origin_el,destination_el,duration=None)。其中,origin_el 为要滚动的元素,destination_el 为要滚动到的元素,duration 设置滚动持续时间,默认为 600ms。

使用百度阅读 App 精选页实现滚动方法,如图 13.3 所示。

图 13.3　百度阅读 App 精选页

通过 App 精选页，实现从"人气推荐"滚动到"影视热门"的位置，代码如下：

```python
# 第13章/gesture_scroll.py
from appium import webdriver
from time import sleep

desired_caps = {
    'platformName': 'Android',
    'platformVersion': '4.4.2',
    'deviceName': '127.0.0.1:62001',
    'appPackage': 'com.baidu.yuedu',
    'appActivity': '.base.ui.MainActivity'}

driver = webdriver.Remote('http://localhost:4723/wd/hub', desired_caps)
sleep(20)

# 单击"弹窗"按钮
# App 每个版本随机出现，无法定位元素，使用 tap()进行操作
# 当预估单击位置时，可使用周围可定位元素的 bounds 值作为参考
driver.tap([(200,800)])
sleep(2)
driver.tap([(250,1240)])
sleep(2)
driver.tap([(300,600)])
sleep(2)

# 定位滚动起点控件
origin_el = driver.find_element_by_xpath('//*[@text="人气推荐"]')
# 定位滚动终点控件
destination_el = driver.find_element_by_xpath('//*[@text="影视热门"]')

# 实现页面滚动效果
driver.scroll(origin_el,destination_el)
sleep(2)

driver.quit()
```

13.2.5 拖曳操作

拖曳操作所实现的效果也是滑动效果，使用方法与滚动相似，也是基于控件的操作，只是无法设置拖曳持续时间。

拖曳方法：drag_and_drop(origin_el, destination_el)。其中，origin_el 设置拖曳开始位置，destination_el 设置拖曳结束位置。

使用百度阅读 App 精选页实现拖曳滑动效果，代码如下：

```python
#第13章/gesture_drag_drop.py
from appium import webdriver
from time import sleep

desired_caps = {
    'platformName': 'Android',
    'platformVersion': '4.4.2',
    'deviceName': '127.0.0.1:62001',
    'appPackage': 'com.baidu.yuedu',
    'appActivity': '.base.ui.MainActivity'}

driver = webdriver.Remote('http://localhost:4723/wd/hub', desired_caps)
sleep(20)

#单击"弹窗"按钮
#App每个版本随机出现,无法定位元素,使用tap()进行操作
#当预估单击位置时,可使用周围可定位元素的bounds值作为参考
driver.tap([(200,800)])
sleep(2)
driver.tap([(250,1240)])
sleep(2)
driver.tap([(300,600)])
sleep(2)

#定位拖曳起点控件
origin_el = driver.find_element_by_xpath('//*[@text="人气推荐"]')
#定位拖曳终点控件
destination_el = driver.find_element_by_xpath('//*[@text="影视热门"]')

#实现页面拖曳效果,与滚动的使用方法相同
driver.drag_and_drop(origin_el,destination_el)
sleep(2)

driver.quit()
```

13.3 系统相关操作

与系统相关的操作通常都用在自动化测试用例执行过程中的辅助上。本节所讲解的几个操作与13.1节属性获取类似。

13.3.1 获取屏幕大小

基于App运行环境的特殊性,很多与屏幕位置相关的用例在执行过程中考虑到不同机型分辨率的问题,需要即时获取当前机型屏幕分辨率来确定后续操作的运行,例如13.2节

与屏幕手势相关的操作。获取屏幕分辨率大小，代码如下：

```python
#第13章/system_screen_size.py
from appium import webdriver
from time import sleep

desired_caps = {
    'platformName': 'Android',
    'platformVersion': '4.4.2',
    'deviceName': '127.0.0.1:62001',
    'appPackage': 'com.baidu.yuedu',
    'appActivity': '.base.ui.MainActivity'}

driver = webdriver.Remote('http://localhost:4723/wd/hub', desired_caps)
sleep(5)

#获取模拟器屏幕分辨率
size = driver.get_window_size()
print("当前分辨率为",size)

#获取模拟器屏幕宽度像素数
width = driver.get_window_size()['width']
print("当前屏幕宽度为",width)

#获取模拟器屏幕宽度像素数
height = driver.get_window_size()['height']
print("当前屏幕高度为",height)

driver.quit()
```

屏幕分辨率获取结果如图13.4所示。

```
C:\Users\Demon\AppData\Local\Programs\Python\Python37\
当前分辨率为： {'width': 720, 'height': 1280}
当前屏幕宽度为： 720
当前屏幕高度为： 1280

Process finished with exit code 0
```

图13.4　屏幕分辨率获取结果

13.3.2　推送文件

在第11章讲解过使用adb命令进行PC端与移动端之间文件推送的操作。在移动端自动化用例执行的过程中，有时需要将文件推送至目标位置。自动推送文件的方法可以通过在脚本中执行adb命令的方式实现。Appium中也提供了pull()方法实现推送操作，代码如下：

```python
#第13章/system_pull_file.py
from appium import webdriver
from time import sleep
import os

desired_caps = {
    'platformName': 'Android',
    'platformVersion': '4.4.2',
    'deviceName': '127.0.0.1:62001',
    'appPackage': 'com.cyanogenmod.filemanager',
    'appActivity': '.activities.NavigationActivity'}

driver = webdriver.Remote('http://localhost:4723/wd/hub', desired_caps)
sleep(5)

#使用adb命令
#向移动端推送文件
text = os.system('adb push D:/test/text.txt data/users/')
print(text)
#向PC端推送文件
text = os.system('adb pull etc/hosts D:/test/')
print(text)

driver.quit()
```

13.3.3 截屏操作

截屏操作与Selenium中的方法一致，Appium提供了以下3种截图方式。

(1) get_screenshot_as_file()　　#将当前窗口的屏幕截图并保存为PNG图像文件。

(2) get_screenshot_as_base64()　　#获取当前窗口屏幕截图的base64编码数据。

(3) get_screenshot_as_png()　　#获取当前窗口屏幕截图的二进制数据流。

get_screenshot_as_file()方法直接将截图保存到指定位置，这是当自动化测试用例出现异常时最常使用的截图方法。get_screenshot_as_base64()方法获取的截图信息是base64编码数据信息，这种方法主要是在自动化测试框架中生成自定义HTML报告时，将Bug截图写入HTML页面时使用。比起保存成文件再调用写入HTML页面，get_screenshot_as_base64()减少了截图预存环节，更为方便。get_screenshot_as_png()方法与get_screenshot_as_base64()方法类似。3种截图实现方法，代码如下：

```python
#第13章/system_screen_file.py
from appium import webdriver
from time import sleep

desired_caps = {
    'platformName': 'Android',
    'platformVersion': '4.4.2',
    'deviceName': '127.0.0.1:62001',
    'appPackage': 'com.cyanogenmod.filemanager',
    'appActivity': '.activities.NavigationActivity'}

driver = webdriver.Remote('http://localhost:4723/wd/hub', desired_caps)
sleep(5)

#截屏方法一:将截图保存到指定位置
driver.get_screenshot_as_file('./image/screen_file.png')

#截屏方法二:将截图 base64 编码字符串保存至 HTML 页面
temp = driver.get_screenshot_as_base64()
html_start = '''
<!DOCTYPE HTML>
<html>
    <head>
        <title>base64 转存图片</title>
    </head>
<body>
    <p>
        <img src = "data:image/png;base64,
    '''
html_end = '''
        " />
    </p>
</body>
</html>
    '''
with open('./image/base64_png.html','w') as fp:
    fp.write(html_start)
    fp.write(temp)
    fp.write(html_end)

#截屏方法三:将截屏二进制数据保存到文件
binary = driver.get_screenshot_as_png()
with open('./image/binary.png','wb') as fp:
    fp.write(binary)

driver.quit()
```

get_screenshot_as_base64()方法执行后将获取的截图数据写入 HTML 页面，在 IE 浏览器中显示效果如图 13.5 所示。

图 13.5　get_screenshot_as_base64()将数据写入 HTML 效果

13.3.4　App 安装及检测

在真机兼容性测试中，自动化测试用例在不同移动终端运行前，首先会检测待测程序是否已安装，若未安装，则进行 App 的安装操作之后再执行用例。在版本迭代较多时，可检测已安装 App 是否为目标版本，若不是，则进行卸载，重装后再执行用例，代码如下：

```
#第 13 章/system_app_install.py
from appium import webdriver
from time import sleep
```

```python
desired_caps = {
    'platformName': 'Android',
    'platformVersion': '4.4.2',
    'deviceName': '127.0.0.1:62001',
    'appPackage': 'com.baidu.BaiduMap',
    'appActivity': 'com.baidu.baidumaps.WelcomeScreen'}

driver = webdriver.Remote('http://localhost:4723/wd/hub', desired_caps)
sleep(5)

# 获取百度地图安装状态
check = driver.is_app_installed('com.baidu.BaiduMap')

# 判断百度地图安装情况
if check:
    # 执行测试用例
    print('执行测试用例')
else:
    # 执行 App 安装
    driver.install_app('./baiduMaps.apk')

driver.quit()
```

13.4 上下文切换操作

App 中的上下文切换与 PC 端浏览器中 Handles 操作属于同一类型,都是页面间的跳转操作,以百度阅读为例,如图 13.6 所示。

用定位工具查看页面,发现页面上有些区域无法定位需要查看的元素属性,class 属性写着 WebView,说明这种页面就是 webview。

13.4.1 切换上下文操作

与 Selenium 中对页面句柄的操作一样,首先需要使用 contexts()获取页面上下文,也就是句柄。通常获取内容会有两种:第 1 种,NATIVE_APP:这个就是 native,也就是原生的;第 2 种,WEBVIEW_com.xxxx:这个就是 webview。

如果获取后发现列表中只有 NATIVE_APP,说明操作页不存在页面嵌套。如果存在除 NATIVE_APP 以外的其他元素,说明后续操作需要涉及上下文切换。

以百度阅读为例,演示主页面中"换一换"操作,代码如下:

```python
# 第 13 章/contexts_switch.py
from appium import webdriver
```

图 13.6　百度阅读首页 WebView 元素

```
from time import sleep

desired_caps = {
    'platformName': 'Android',
    'platformVersion': '4.4.2',
    'deviceName': '127.0.0.1:62001',
    'appPackage': 'com.baidu.yuedu',
    'appActivity': '.base.ui.MainActivity'}

driver = webdriver.Remote('http://localhost:4723/wd/hub', desired_caps)
sleep(5)

# 获取当前页所有上下文内容
contexts = driver.contexts
print(contexts)

# 切换至操作主窗口句柄
driver.switch_to.window(contexts[1])

# 单击"换一换"按钮
driver.find_element_by_xpath('//*[@text="换一换"]').click()

sleep(5)

driver.quit()
```

13.4.2 切回操作

当需要切回上方标题栏进行操作时,可直接切回 NATIVE_APP,代码如下:

```python
#第13章/contexts_switch2.py
from appium import webdriver
from time import sleep

desired_caps = {
    'platformName': 'Android',
    'platformVersion': '4.4.2',
    'deviceName': '127.0.0.1:62001',
    'appPackage': 'com.baidu.yuedu',
    'appActivity': '.base.ui.MainActivity'}

driver = webdriver.Remote('http://localhost:4723/wd/hub', desired_caps)
sleep(5)

#获取当前页所有上下文内容
contexts = driver.contexts
print(contexts)

#切换至操作主窗口句柄
driver.switch_to.window(contexts[1])

#单击"换一换"按钮
driver.find_element_by_xpath('//*[@text="换一换"]').click()
sleep(5)

#切回操作:以下两种方法选取一个即可
#方法一:直接切回,NATIVE_APP 是固定的参数
driver.switch_to.context("NATIVE_APP")

#方法二:从 contexts 里取第一个参数切回
driver.switch_to.context(contexts[0])

driver.quit()
```

第 14 章 pytest 框架的应用

本章重点介绍 Python 下的另一款第三方单元测试框架 pytest。与 unittest 相似,最早 pytest 是 Python 2.X 下的一款默认单元测试工具,在 Python 3.0 以后从 Python 中剥离出来。和 unittest 相比,pytest 的使用要更加简洁和好用。本章将学习 pytest 框架的基本使用方法。

14.1 框架介绍及安装

pytest 是一个非常成熟的全功能 Python 测试框架,简单灵活且容易上手,能够与 Selenium、Appium、requests 等主流自动化测试工具组成功能强大的自动化测试框架。与 unittest 相比,pytest 主要有以下几个特点。

(1) 断言提示信息更清楚。
(2) 自动加载函数与模块。
(3) 支持运行由 unittest 编写的测试用例。
(4) 丰富的插件及社区支持。
(5) 自带参数化功能支持。
(6) 用例失败重运行机制。
(7) 多线程运行用例机制。

14.1.1 pytest 框架构成

与 unittest 相仿,pytest 框架的功能也可以直观地划分为以下 4 个部分。
(1) TestFixture:测试固件。
(2) TestCase:测试用例管理。
(3) TestSuite:测试套件。
(4) TestRunner:测试运行器。

TestFixture 是 pytest 框架中功能最强大的部分。与 unittest 中的固件相比,TestFixture 可以按模块化的方式实现,并且每个 Fixture 可以相互调用。每个 Fixture 都可以有自己的命名,并且可以通过声明的方式进行激活。

TestCase 部分可以使用两种方式对自动化用例进行管理:一是通过与 unittest 中类似的类与方法的方式管理用例;二是通过函数与模块的方式管理用例。两种方式还可以根据用例执行的优先级来搭配使用。当用例数量较多时,还可以多线程运行自动化用例。

TestSuite 与 unittest 中的套件管理差异较大。pytest 中可以通过指定运行用例范围来确定套件内容,也可以通过配置 pytest.ini 文件的方式指定测试套件内容。

TestRunner 有两种方式触发用例运行:一是通过与 unittest 中类似的 run() 方法开启用例运行;二是通过命令行的方式运行。相比之下,命令行触发运行方式是 pytest 框架中较有优势的方式。

14.1.2　pytest 的安装

打开命令提示符,输入 pip install pytest 命令,按下回车键进行安装。pytest 目前最新版本是 6.0.1。安装过程如图 14.1 所示。

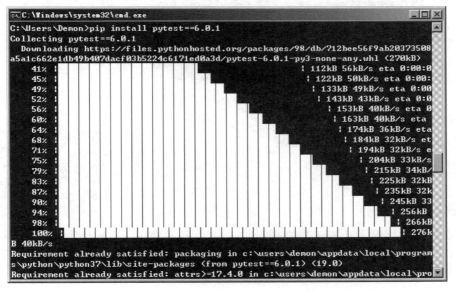

图 14.1　pytest 安装过程

14.2　使用流程

首先准备一个基于 pytest 的单元测试脚本,代码如下:

```
#第 14 章/test_Demo.py
#被测函数
```

```
def add(x, y):
    return x + y

#测试用例
def test_add():
    assert add(2, 3) == 5
```

运行 pytest 脚本流程：准备源码文件 test.py，cmd 中切换至源文件所在目录。pytest 的 3 种运行方式：运行 pytest 命令、运行 py.test 命令、运行 python-m pytest 命令。

在命令提示行窗口中执行结果如图 14.2 所示。

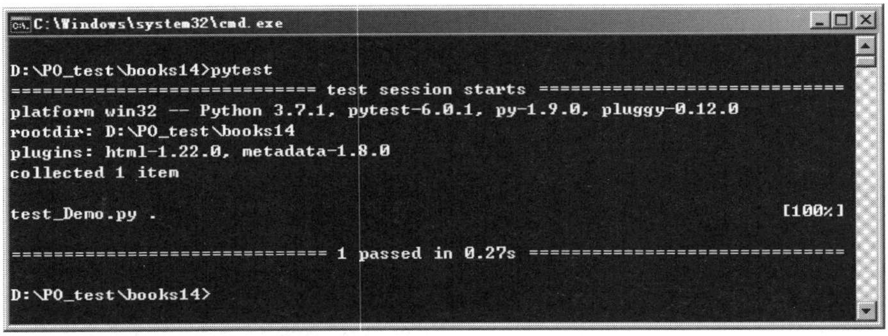

图 14.2 pytest 执行结果

14.2.1 pytest 运行规则

默认情况下，pytest 运行脚本时会首先查找当前目录及其子目录下以 test_开头或_test 结尾的 Python 脚本文件。找到文件后，会自动找到并运行以 test 开头的函数。使用多目录多用例文件来示例上述运行规则，3 个代码文件分布情况如图 14.3 所示。

图 14.3 用例文件分布

实现加法测试用例文件，代码如下：

```
#第 14 章/test_Add.py
#被测函数
def add(x, y):
    return x + y

#测试用例
def test_add():
    assert add(2, 3) == 5

#测试用例
```

```
def test_add():
    assert add(5, 7) == 12
```

实现减法测试用例文件,代码如下:

```
# 第 14 章/test_Sub.py
# 被测函数
def sub(x, y):
    return x - y

# 测试用例
def test_sub():
    assert sub(2, 3) == -1

# 无法执行用例
def sub_test():
    assert sub(15, 7) == 8
```

实现乘法测试用例文件,代码如下:

```
# 第 14 章/test_Mul.py
# 被测函数
def mul(x, y):
    return x * y

# 测试用例
def test_mul():
    assert mul(2, 3) == 6

# 无法执行用例
def mul_test():
    assert mul(5, 7) == 35
```

执行结果如图 14.4 所示。可以看到 test_Add.py 文件中有 2 条用例正常运行,占运行用例数的一半,显示为 50%。

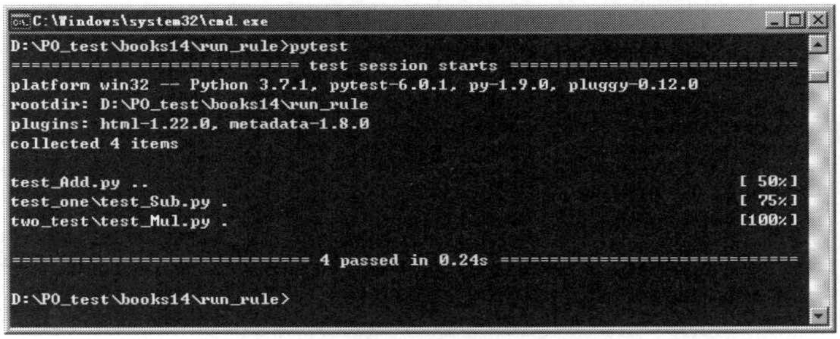

图 14.4　执行结果

14.2.2 pytest 测试用例

当测试用例的数量增多时,为了方便管理,通常会引入测试类来对用例进行管理。当运行用例在测试类之外时,称为用例函数。当运行用例在测试类里面时,称为用例方法。关于这点在 Fixture 部分会讲解。实现函数与方法方式的测试用例,代码如下:

```python
#第14章/test_Dev.py
#被测函数
def div(x, y):
    return x / y

class TestDiv():

    #测试用例
    def test_div(self):
        assert div(6, 3) == 2

    #测试用例
    def test_div2(self):
        assert div(15, 5) == 3
```

总地来讲,测试用例在读取和运行时有以下几点需要注意的内容。
(1) 用例文件名以 test_开头或_test 进行结尾。
(2) 测试类以 Test 开头,并且不能带有 init 方法。
(3) 未包含在测试类中的以 test_开头的函数为可执行测试用例。
(4) 以 Test 开头的类为可执行测试类。
(5) 测试类中以 test_开头的方法为可执行测试用例。
(6) 所有的包 pakege 必须有 __init__.py 文件。
(7) 断言使用 assert 实现,与 unittest 差异较大。
测试用例在执行时较 unittest 灵活得多,可以有多种执行方法。

1. 执行某个目录下所有的用例
语法:pytest 目录名/。
本章 14.2.1 节中,在 run_rule 上级目录可输入 pytest run_rule/执行。

2. 执行某一个 py 文件下用例
语法:pytest 脚本名称.py。
本章 14.2.1 节中,执行 test_Add.py 文件,可输入 pytest run_rule/test_Add.py 执行。

3. 按节点运行用例
在这种运行方法中用例函数或方法与模块通常以::进行分隔,共有两种运行情况。
(1) 运行.py 模块里面的某个函数。以代码 test_Add.py 为例,运行其中 test_add()用例函数,在命令行中输入 pytest run_rule/test_Add.py::test_add,按下回车键执行。

(2)运行.py模块里面,测试类里面的某种方法。以代码 test_Dev.py 为例,运行类中 test_Div()用例方法,在命令行中输入 pytest test_mod.py::TestClass::test_method 命令,按下回车键执行。

4．标记表达式

语法:pytest-m slow。

将运行用@ pytest.mark.slow 装饰器修饰的所有测试。本章后面会讲到自定义标记 mark 的功能。

14.3 Fixture 的使用

在第 8 章讲解过 unittest 中的两套测试固件,分别是用例级的 setup()和 teardown(),以及需配合@classmethod 装饰器一起使用的 setupClass()和 teardownClass()。pytest 框架也有与之相似的固件。

14.3.1 Fixture 的优势

pytest 下的 Fixture 与 unittest 相比,在使用过程中的优点有以下几点。

(1)命名方式灵活,不限于 setup 和 teardown 这几个命名。

(2)conftest.py 配置里可以实现数据共享,不需要 import 就能自动找到一些配置。

(3)scope="module"可以实现多个.py 跨文件共享前置条件。

(4)scope="session"以实现多个.py 跨文件使用一个 session 来完成多个用例。

14.3.2 用例运行级别和优先级

在 pytest 框架中管理用例方法有两套方法并且这两套方法是并存的:一套是以模块/函数模式管理用例;另一套是以类/方法模式管理用例。多数情况下这两套模式是独立运行的,有时也可以进行交互。

1．用例运行级别

Fixture 基于用例运行层的固件部分可以分为以下 5 个级别。

(1)模块级(setup_module/teardown_module)开始于模块始末,全局有效。

(2)函数级(setup_function/teardown_function)只对类外函数级用例生效。

(3)类级(setup_class/teardown_class)只在类运行前后运行一次。

(4)方法级 1(setup_method/teardown_method)在类中测试用例的前后运行一次。

(5)方法级 2(setup/teardown)在类中测试用例的前后运行一次。

可以看到,模块级是全局有效的,可以作用于函数和方法两种用例模式中,方法级和函数级用例在各自范围内运行,代码如下:

```python
# 第 14 章/fixture_demo.py
def setup_module():
    print('\nmodule 模块级:全局开始')

def teardown_module():
    print('\nmodule 模块级:全局结束')

def setup_function():
    print('\nfunction 函数级:函数级用例前运行一次')

def teardown_function():
    print('\nfunction 函数级:函数级用例后运行一次')

class TestFixture:
    @classmethod
    def setup_class(self):
        print('\nclass 类级:在类开始位置运行一次')

    @classmethod
    def teardown_class(self):
        print('class 类级:在类结束位置运行一次')

    def setup_method(self):
        print('method 方法级:在类中测试用例前运行')

    def teardown_method(self):
        print('method 方法级:在类中测试用例后运行')

    def setup(self):
        print('setup 方法')

    def teardown(self):
        print('\nteardown 方法')
```

2．模块/函数级用例

模块/函数级用例运行时,module 级固件与 unittest 中的 classmethod 级一样,只在所有用例运行前后各运行一次。function 级固件与 unittest 中的 setup、teardown 一样,在每个函数级用例运行前后运行一次,代码如下:

```python
# 第 14 章/test_module_demo.py
# 被测函数
def add(x, y):
    return x + y
```

```python
def setup_module():
    print('\nmodule 模块级:全局开始')

def teardown_module():
    print('\nmodule 模块级:全局结束')

def setup_function():
    print('\nfunction 函数级:函数级用例前运行一次')

def teardown_function():
    print('\nfunction 函数级:函数级用例后运行一次')

# 函数级:用例
def test_add1():
    print('函数级用例 1')
    assert add(3, 6) == 9
```

执行结果如图 14.5 所示。

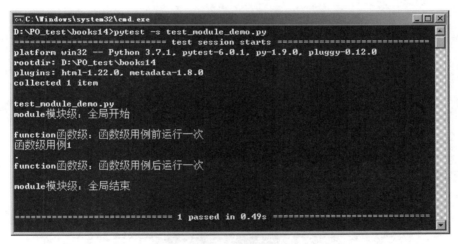

图 14.5　模块/函数级用例执行

3. 类/方法级用例

类/方法级用例运行与 unittest 框架中的 Fixture 固件使用方法相仿,其中,setup_method、teardown_method 与 setup、teardown 效果相同,如果二者出现在同一个测试类中,则前者运行优先级较高,代码如下:

```python
# 第 14 章/test_class_demo.py
# 被测函数
def add(x, y):
```

```python
        return x + y
class TestFixture:
    @classmethod
    def setup_class(self):
        print('\nclass 类级:在类开始位置运行一次')

    @classmethod
    def teardown_class(self):
        print('class 类级:在类结束位置运行一次')

    def setup_method(self):
        print('method 方法级:在类中测试用例前运行')

    def teardown_method(self):
        print('method 方法级:在类中测试用例后运行')

    def setup(self):
        print('setup 方法')

    def teardown(self):
        print('\nteardown 方法')

    def test_add2(self):
        print('方法级用例 1')
        assert add(6, 6) == 12
```

执行结果如图 14.6 所示。

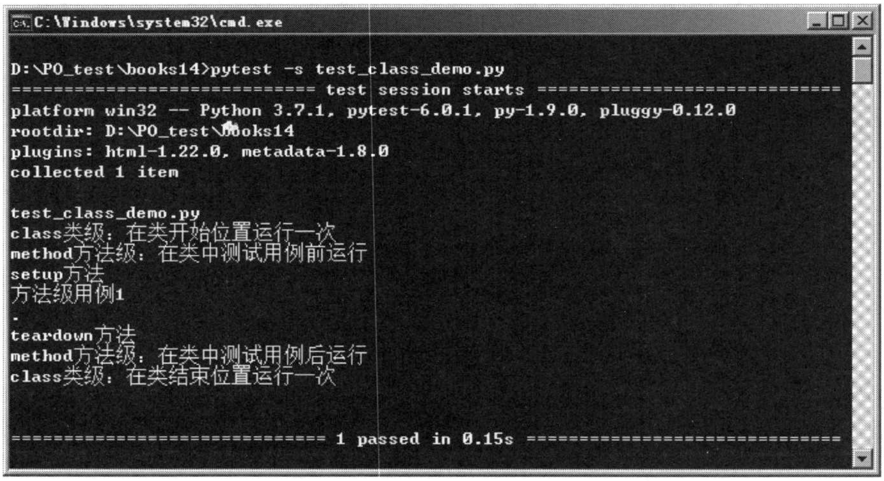

图 14.6 类/方法级用例执行

4. 混合使用

将以上两种模式合在一起使用，相同级别的测试固件会出现运行优先级关系，代码如下：

```python
# 第 14 章/test_fixture_demo.py
# 被测函数
def add(x, y):
    return x + y

def setup_module():
    print('\nmodule 模块级:全局开始')

def teardown_module():
    print('\nmodule 模块级:全局结束')

def setup_function():
    print('\nfunction 函数级:函数级用例前运行一次')

def teardown_function():
    print('\nfunction 函数级:函数级用例后运行一次')

# 函数级:用例
def test_add1():
    print('函数级用例 1')
    assert add(3, 6) == 9

class TestFixture:
    @classmethod
    def setup_class(self):
        print('\nclass 类级:在类开始位置运行一次')

    @classmethod
    def teardown_class(self):
        print('class 类级:在类结束位置运行一次')

    def setup_method(self):
        print('method 方法级:在类中测试用例前运行')

    def teardown_method(self):
        print('method 方法级:在类中测试用例后运行')

    def setup(self):
        print('setup 方法')

    def teardown(self):
```

```
            print('\nteardown 方法')

    def test_add2(self):
        print('方法级用例1')
        assert add(6, 6) == 12
```

执行结果如图 14.7 所示。

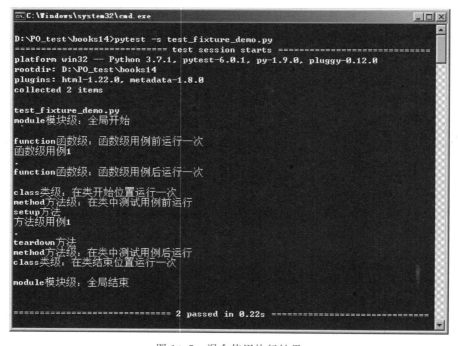

图 14.7　混合使用执行结果

通过运行结果可以得到以下几条优先级关系。

（1）setup_module > setup_class > setup_method > setup >测试用例。

（2）测试用例> teardown > teardown_method > teardown_class > teardown_module。

（3）混合场景时，运行优先级与两种模式代码位置无关。

（4）setup_module/teardown_module 的优先级最大。

（5）函数里面用到的 setup_function/teardown_function 和类里面的 setup_class/teardown_class 互不干涉。

14.3.3　conftest.py 的配置

在 14.3.2 节讲解的 Fixture 固件是由框架自身设定好的，下面来讲一下自定义 Fixture 固件的用法。首先来看一下自定义 Fixture 固件装饰器的语法。

Fixture 语法：fixture(scope="function", params=None, autouse=False, ids=None, name=None)

Fixture 参数解析如下：

（1）scope 有 4 个级别参数：function、class、module、session，主要用来指定 Fixture 的作用范围。

（2）params：可选的参数列表，用来做 Fixture 的参数化。

（3）autouse：使 Fixture 作用域内的测试用例都使用该 Fixture，默认值为 false。

（4）name：重命名 Fixture。

1. 无参 Fixture 的使用

当 Fixture 装饰器中不带任何参数时，默认装饰函数为 function 级别，代码如下：

```python
# 第 14 章/test_fixture_params.py
import pytest

# 被测函数
def add(x, y):
    return x + y

# 无参时，scope 默认为 function
@pytest.fixture()
def beforeMsg():
    print('用例运行前的初始化')

def test_add1():
    print('\n 测试用例 1 执行')
    assert add(3, 3) == 6

def test_add2(beforeMsg):
    print('测试用例 2 执行')
    assert add(3, 5) == 8
```

运行过程中，当运行至引用自定义 Fixture 函数用例执行时，会首先执行自定义前置函数。执行结果如图 14.8 所示。

2. 带 scope 参数的 Fixture 的使用

除了 function 级 Fixture，module 级 Fixture 也比较为常用，代码如下：

```python
# 第 14 章/test_fixture_params2.py
import pytest

# 被测函数
def add(x, y):
    return x + y
```

```python
# 当 scope 参数是 module 时，在所有用例前运行一次
@pytest.fixture(scope = 'module')
def beforeModuleMsg():
    print('所有用例开始前的初始化')

# 无参时，scope 默认为 function
@pytest.fixture()
def beforeMsg():
    print('\n 用例运行前的初始化')

def test_add1():
    print('\n 测试用例 1 执行')
    assert add(2, 3) == 5

def test_add2(beforeModuleMsg):
    print('\n 测试用例 2 执行')
    assert add(3, 3) == 6

# 当一条用例需要引入不同自定义 Fixture 时，以逗号间隔
def test_add3(beforeModuleMsg,beforeMsg):
    print('测试用例 3 执行')
    assert add(3, 5) == 8
```

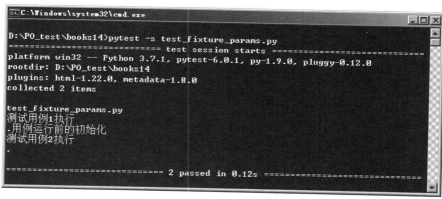

图 14.8　自定义无参 Fixture 执行结果

无论是 function 级还是 module 级自定义 Fixture，都无法影响未引用它的函数用例，执行结果如图 14.9 所示。

3. 使用 conftest.py 配置 Fixture 的使用

很多时候，自定义的 Fixture 前置条件都会有一定的作用范围。

当一组前置条件仅适用于某一测试用例文件时，将 Fixture 前置条件置于用例文件中是一个稳妥的做法。

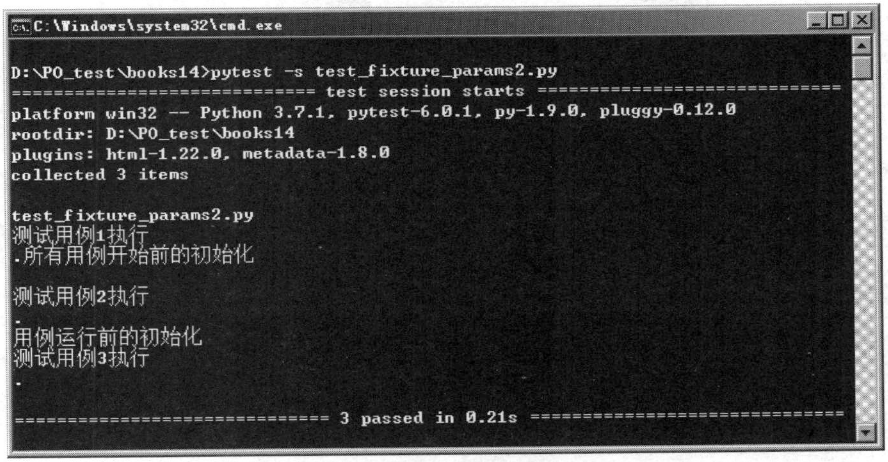

第14章 pytest框架的应用

```
C:\Windows\system32\cmd.exe

D:\PO_test\books14>pytest -s test_fixture_params2.py
============================= test session starts =============================
platform win32 -- Python 3.7.1, pytest-6.0.1, py-1.9.0, pluggy-0.12.0
rootdir: D:\PO_test\books14
plugins: html-1.22.0, metadata-1.8.0
collected 3 items

test_fixture_params2.py
测试用例1执行
.所有用例开始前的初始化

测试用例2执行
.
用例运行前的初始化
测试用例3执行
.
============================== 3 passed in 0.21s ==============================
```

图14.9 带多个自定义Fixture用例执行结果

当一组前置条件适用于一个以上的测试用例文件时,需要将其提取出来单独存放在conftest.py文件中,这样可以使与conftest.py文件同目录或子目录下的测试用例文件共享相同的前置条件。

在使用conftest.py时需要注意以下几点。

(1) conftest.py配置脚本名称是固定的,不能随意更改名称。

(2) conftest.py和运行的用例要在同一个包下。

(3) conftest.py所在目录需要有__init__.py文件。

(4) 不需要import导入conftest.py,pytest用例运行时会自动加载。

下面将代码test_fixture_params2.py中的自定义Fixture分离出来,代码如下:

```
# 第14章/conftest.py
import pytest

# 当scope参数是module时,在所有用例前运行一次
@pytest.fixture(scope = 'module')
def beforeModuleMsg():
    print('所有用例开始前的初始化')


# 无参时,scope默认为function
@pytest.fixture()
def beforeMsg():
    print('\n用例运行前的初始化')
```

测试用例文件代码如下:

```
#第14章/test_none_fixture.py
#被测函数
def add(x, y):
    return x + y

def test_add1():
    print('\n测试用例1执行')
    assert add(2, 3) == 5

def test_add2(beforeModuleMsg):
    print('\n测试用例2执行')
    assert add(3, 3) == 6

#当一条用例需要引入不同自定义Fixture时,以逗号间隔
def test_add3(beforeModuleMsg,beforeMsg):
    print('测试用例3执行')
    assert add(3, 5) == 8
```

脚本执行结果参考图14.9。此方法在测试框架中对用例前置条件管理较为适用。

14.4 参数化

pytest框架中自带了参数化实现的功能,可以不借助于第三方插件轻松实现测试用例参数化。这与unittest框架相比实用性更强一些。

14.4.1 参数化的实现

pytest中的参数化实现是使用@pytest.mark.parametrize()装饰器来完成的。parametrize参数信息如下。

语法:@pytest.mark.parametrize(paramsList,paramsValue)。

paramsList:接收参数变量列表,以逗号间隔,变量数量与参数个数保持一致。paramsValue:参数化数值列表,多组值以逗号间隔。

参数化可以作用于一个用例函数,代码如下:

```
#第14章/test_mark_func.py
import pytest

#被测函数
def add(x, y):
    return x + y

@pytest.mark.parametrize('one,two,result', [(3, 5, 8), (5, 7, 12)])
def test_add(one,two,result):
```

```
        print('\n测试用例执行')
        assert add(one, two) == result
```

执行结果如图 14.10 所示。

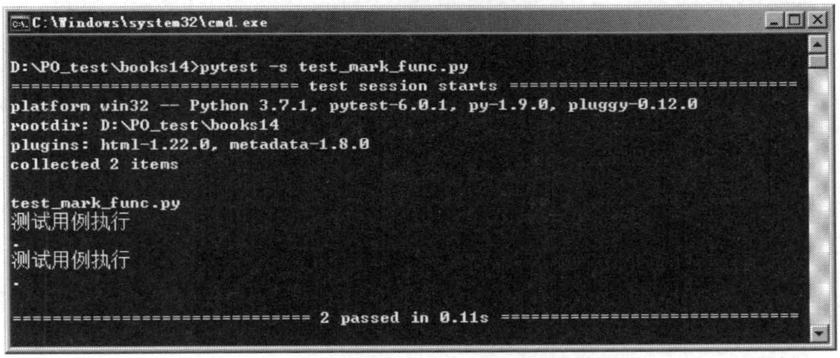

图 14.10 参数化于用例函数执行结果

当测试用例以类/方法的模式存在时,可以直接将参数化作用于测试类,此时参数化作用域为整个测试类,类中用例方法可共用参数,代码如下:

```
#第14章/test_mark_class.py
import pytest

#被测函数
def add(x, y):
    return x + y

@pytest.mark.parametrize('one,two,result', [(3, 5, 8), (5, 7, 12)])
class TestAdd:

    def test_add1(self,one, two, result):
        print('\n测试用例1执行')
        assert add(one, two) == result

    def test_add2(self,one, two, result):
        print('\n测试用例2执行')
        assert add(one, two) == result
```

执行结果如图 14.11 所示。

14.4.2 参数组合的实现

在代码 test_Dev.py 中,测试类中两种方法用例使用的参数是相同的,若两条用例运行时使用的参数不一样,这时可以使用参数组合的方法实现测试用例的参数化,代码如下:

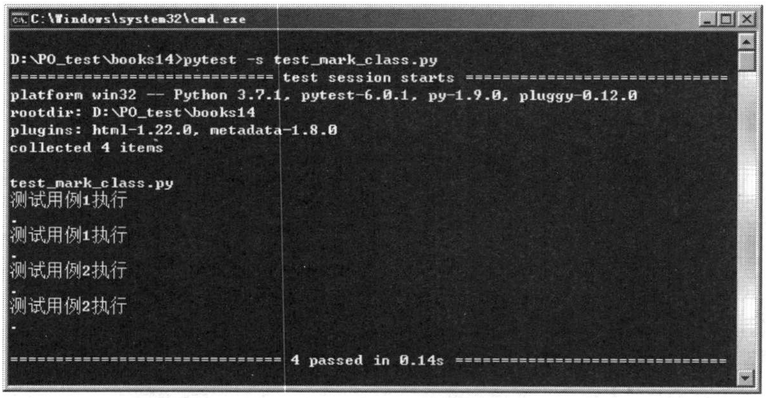

图 14.11 参数化于用例方法执行结果

```
# 第 14 章/test_mark_mul.py
import pytest

# 被测函数
def add(x, y):
    return x + y

@pytest.mark.parametrize('one', [3, 5])
@pytest.mark.parametrize('two', [8, 2])
class TestAdd:

    def test_add(self, one, two):
        print('\nadd 测试用例 1 执行')
        assert add(one, two) == 0
```

执行结果如图 14.12 所示。

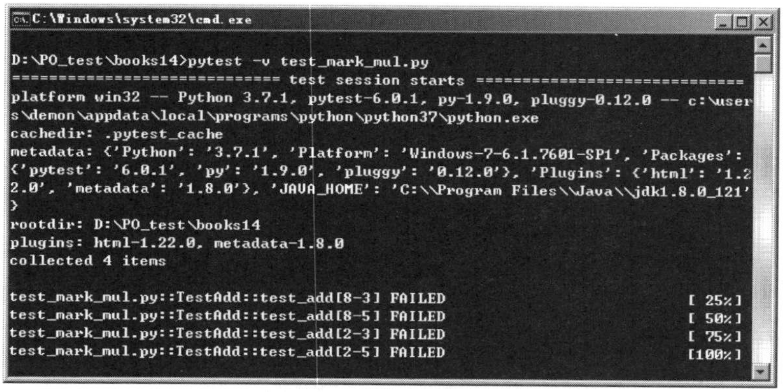

图 14.12 参数组合执行结果

通过查看执行结果,可以发现两组参数发生排列现象,一共运行了 4 次。这显然不是本示例期望的执行结果。在实际测试过程中,当需要两组参数出现排列组合时可以使用,例如在登录操作时,用户名与密码的参数组合,代码如下:

```
#第14章/test_mark_mul2.py
import pytest

@pytest.mark.parametrize('username', ['Tom', 'Demon'])
@pytest.mark.parametrize('passwd', [23, 25])
class TestPrint:

    def test_Print(self, username, passwd):
        print('\n登录用户名:%s,密码:%d' % (username, passwd))
        assert True
```

执行结果如图 14.13 所示。

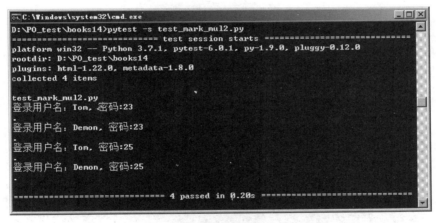

图 14.13　用户名密码参数组合执行结果

14.5　装饰器与断言

14.5.1　装饰器的使用

pytest 下装饰器的使用与 unittest 相仿,主要分为以下几种情况。
(1) pytest.mark.skip:执行时跳过本条用例。
(2) pytest.mark.skipif:条件不满足时跳过本条用例。
(3) pytest.mark.xfail:执行时本条用例标记为失败。
pytest 下装饰器的使用与 unittest 非常相似,代码如下:

```python
# 第 14 章/test_decorator.py
import pytest
import sys

# 被测函数
def add(x, y):
    return x + y

@pytest.mark.skip('跳过用例 1')
def test_add1():
    print('测试用例 1')
    assert add(3, 5) == 8

@pytest.mark.skipif(sys.version_info < (3, 9), reason = "Python 版本小于 3.5 时跳过用例 2")
def test_add2():
    print('测试用例 2')
    assert add(3, 4) == 7

@pytest.mark.xfail  # 将用例 3 标记为失败
def test_add3():
    print('\n测试用例 3')
    assert add(3, 3) == 6
```

执行结果如图 14.14 所示。两条用例跳过，一条用例标记为失败。

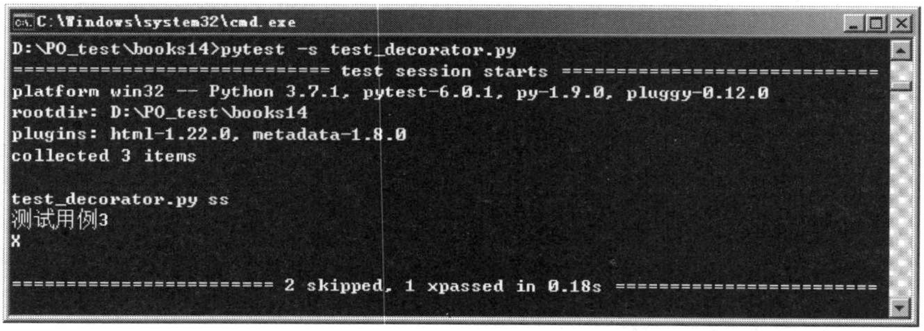

图 14.14 装饰器的使用

14.5.2 断言的使用

pytest 框架中未设计自己的断言语法，基本与 Python 共用 assert 断言关键字，主要有以下几种形式。

(1) assert xx：断言结果是否为真，其中 xx 取值为 True 或 False。

(2) assert not xx：断言结果是否不为真，其中 xx 取值为 False 时视为通过。

(3) assert a in b：判断 b 包含 a。

(4) assert a == b：判断 a 等于 b。
(5) assert a！=b：判断 a 不等于 b。

断言使用示例，代码如下：

```python
# 第14章/test_assert.py
import pytest

# 被测函数
def add(x, y):
    return x + y

# 断言是否相等
def test_add1():
    assert add(3, 5) == 8

# 断言是否为真
def test_add2():
    bool = add(3, 5) == 8
    assert bool

# 断言是否包含
def test_add3():
    results = [3, 8, 12]
    assert add(3, 5) in results
```

执行结果如图 14.15 所示。

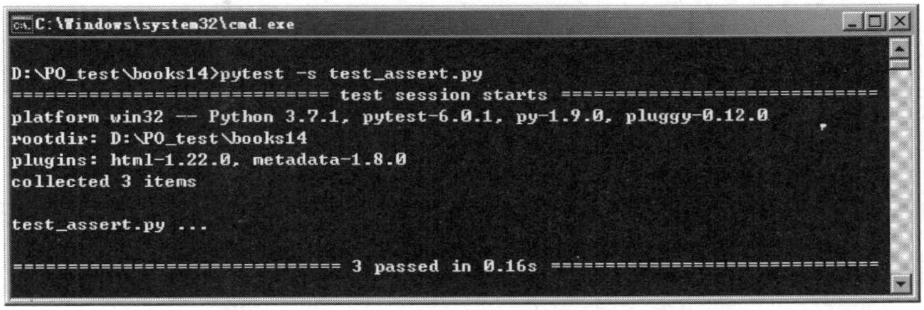

图 14.15　断言执行结果

第 15 章 Appium 与 pytest 框架的整合应用

本章是在 Python 自身单元测试框架的基础上开发第 2 套自定义框架。在 pytest 框架的基础上管理 Appium 测试用例。pytest 框架的灵活之处在于可以与 unittest 单元测试框架进行整合。

15.1 框架整体思路

框架实现共分 5 个模块,实现思路如图 15.1 所示。

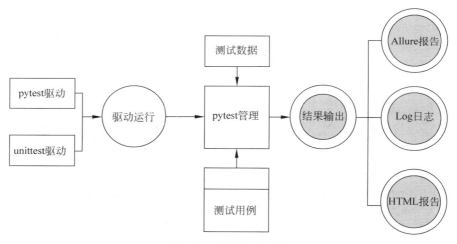

图 15.1 框架实现思路

15.2 Report 模块的整合

Report 模块的输出主要由运行日志输出和运行结果输出两部分组成,本章运行结果将使用插件 Allure 来完成。Allure 是一款轻量级的开源测试报告框架。它支持绝大多数测试框架,例如 TestNG、pytest、JUnit 等。

15.2.1 Allure 的安装与配置

1. 下载 Allure 软件

访问 Allure 官网：http://allure.qatools.ru/，如图 15.2 所示。

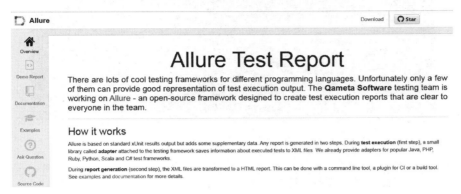

图 15.2　Allure 官网

选择 Download 项进入下载页面，根据操作系统选择下载相应的安装包，如图 15.3 所示。

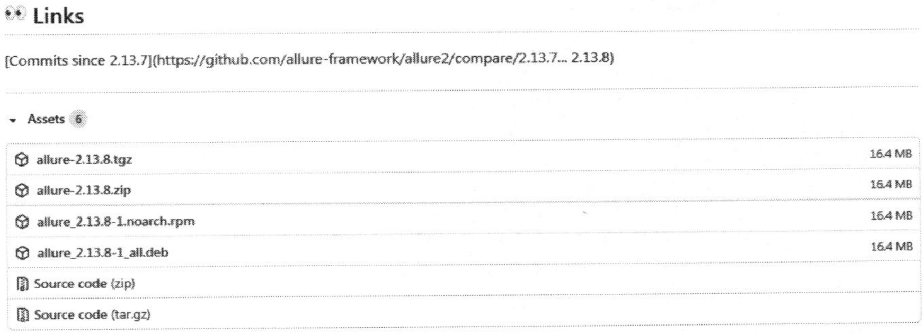

图 15.3　Allure 下载页面

2. 安装配置 JDK

JDK 安装过程见本书第 11 章 11.2.1 节。

3. 配置 Allure

解压 Allure 安装包，复制 Allure 文件夹下的 bin 目录路径，加入 path 环境变量中。打开命令提示符窗口，输入 allure 命令，按下回车键执行。查看命令执行结果，出现参数提示则表示 Allure 配置成功，如图 15.4 所示。

4. 安装 Allure-pytest

打开命令提示符窗口，输入 pip install allure-pytest 命令，按下回车键便可以开始安装基于 pytest 的 Allure 插件。

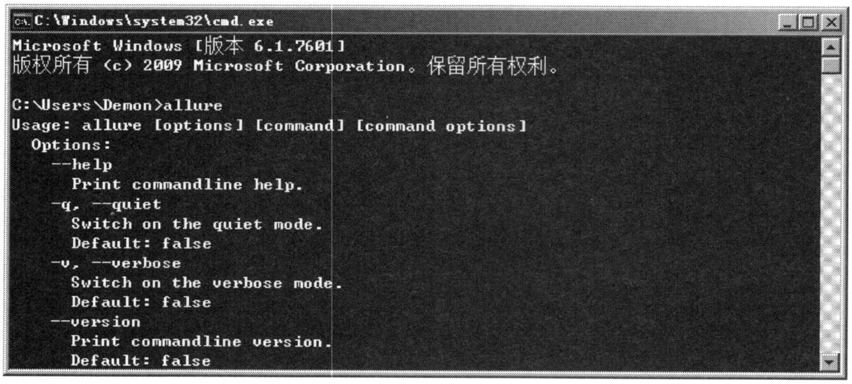

图 15.4　Allure 执行结果

15.2.2　运行日志输出

在 utils 模块下加入日志输出方法，用来记录用例运行过程日志，代码如下：

```python
#第 15 章/export_log.py
import logging
from books15.config import setting


class Log():
    def __init__(self):
        logging.basicConfig(
            level = logging.INFO,
            format = '%(asctime)s %(levelname)s %(message)s',
            datefmt = '%Y-%m-%d %H:%M:%S',
            filename = setting.LOG_FILE_NAME,
            filemode = 'w'
        )

    def add_loginfo(self, page, func, des):
        out_str = page + ':' + func + ':' + des
        logging.info(out_str)

    def add_errorinfo(self, self, infomation):
        out_str = '错误信息:' + infomation
        logging.info(out_str)


if __name__ == '__main__':
    Log().add_loginfo('输入数据','日志输出验证','通过')
```

日志输出结果如图 15.5 所示。

图 15.5　日志输出文档

15.2.3　运行结果输出

本章用例运行结果输出使用 Allure 来完成,在 utils 模块下添加结果输出方法,代码如下:

```python
#第 15 章/export_log.py
from subprocess import call
from books15.config import setting


class Allure_exp:
    #读取 json 文件,生成 Allure 报告
    def execute_command(self, log):
        try:
            #调用配置文件中的执行变量
            call(setting.ALLURE_COMMAND, shell = True)
            log.add_errorinfo('执行 allure 命令成功')
        except Exception as e:
            log.add_errorinfo("执行 allure 命令失败,详情参考: {}".format(e))
```

15.3　配置与数据模块整合

15.3.1　框架配置参数

框架中会出现很多配置参数,例如读取或存放路径。可以将配置参数整理进一个文件,方便管理,代码如下:

```python
#第 15 章/setting.py
import os
import datetime

#根目录
BASE_PATH = os.path.dirname(os.path.dirname(os.path.abspath(__file__)))
```

```python
# ---------------- 日志相关 --------------------
# 日志文件夹命名：
Dtime = datetime.datetime.now().strftime('%Y-%m-%d %H %M %S')
LOG_FILE_NAME = os.path.join(BASE_PATH, 'report/log', Dtime + '.log')

# ---------------- Allure 相关 ------------------
# 报告路径：
REPORT_PATH = os.path.join(BASE_PATH, 'report')
# Allure 的 json 文件夹命名
ALLURE_JSON_DIR_NAME = 'allure_json'
# Allure 的 json 文件路径
ALLURE_JSON_DIR_PATH = os.path.join('./../report', ALLURE_JSON_DIR_NAME)
# allure 的 html 文件夹命名
ALLURE_REPORT_DIR_NAME = os.path.join(REPORT_PATH, 'allure_report')
# allure 的 html 报告路径
ALLURE_REPORT_DIR_PATH = os.path.join(REPORT_PATH, ALLURE_REPORT_DIR_NAME)
# 生成报告命令
ALLURE_COMMAND = "allure serve {} ".format(ALLURE_JSON_DIR_PATH)
```

15.3.2　json 数据的读取

将测试数据存放在 json 数据中，数据读取使用自定义方法在测试用例文件中进行，代码如下：

```python
# 第 15 章/read_json.py
import json

def get_data(path):
    """
    读取 json 文件
    """
    data = []
    with open(path, 'r', encoding='utf-8') as f:
        dict_data = json.loads(f.read())
        for i in dict_data:
            data.append(tuple(i.values()))
        return data
```

json 数据文件中存放待读取数据，代码如下：

```
# 第 15 章/data.json
[
    {"expect":"Tinkerbang","actual":"思课帮","info":"英文搜索用例"},
```

```
        {"expect":"Wang","actual":"王","info":"拼音搜索用例"},
        {"expect":"黑曼巴","actual":"黑曼巴","info":"中文搜索用例"}
]
```

15.4　case 模块的整合

测试用例模块使用百度搜索输出关键词进行搜索操作,代码如下:

```
#第15章/data.json
import pytest
import allure
from time import sleep
from selenium import webdriver
from books15.utils.export_allure import Allure_exp
from books15.utils.export_log import Log
from books15.utils.read_json import get_data


class TestPhone:
    @classmethod
    def setup_class(self):
        desired_caps = {
            'platformName': 'Android',
            'deviceName': 'D3F021C19001219',
            'platformVersion': '4.4.2',
            'appPackage': 'com.baidu.searchbox',
            'appActivity': 'com.baidu.searchbox.SplashActivity',
        }

        self.driver = webdriver.Remote('http://localhost:4723/wd/hub', desired_caps)

    @pytest.mark.parametrize(
        "expect, actual, info",
        get_data('./data/data.json'),
    )
    def test_case_fen(self, expect, actual, info):
        #向左滑动闪屏页面
        sleep(5);
        self.driver.swipe(350, 250, 50, 250, 2000)
        #单击进入首页
        sleep(5)
```

```python
        self.driver.find_element_by_id("com.baidu.searchbox:id/introduction_item_btn1").click()
        #单击输入框
        sleep(5)
        self.driver.driver.find_element_by_id("com.baidu.searchbox:id/baidu_searchbox").click()
        #输入内容 izsn.xyz
        self.driver.find_element_by_id("com.baidu.searchbox:id/SearchTextInput").sendKeys(expect)
        #单击"搜索"按钮
        self.driver.driver.find_element_by_id("com.baidu.searchbox:id/float_search_or_cancel").click()

        #行为驱动标记
        allure.dynamic.feature(info)
        allure.dynamic.story(info)
        #动态加参
        allure.dynamic.title('手机百度搜索')
        allure.dynamic.description(
            "< b style = 'color:red;'>描述:</b>{}< br />"
            "< b style = 'color:red;'>预期值:</b>{}< br />"
            "< b style = 'color:red;'>实际执行结果:</b>{}< br />".format(
                '手机百度搜索',
                expect,
                actual
            ))
        assert expect in self.driver.page_source

    @classmethod
    def teardown_class(self):
        self.driver.quit()
        log = Log()
        log.add_loginfo('1280', '1280', '通过')
        #执行 allure 命令,生成 allure 报告
        Allure_exp().execute_command(log)


if __name__ == '__main__':
    pytest.main(['-- alluredir = ./../report/allure_json'])
```

15.5　框架的运行维护

在框架根目录创建基于 pytest 方式运行文件,代码如下:

```
#第 15 章/data.json
import pytest


if __name__ == '__main__':
    pytest.main(['-- alluredir = ./report/allure_json'])
```

运行输出结果如图 15.6 所示，以 Allure 报告方式展示。

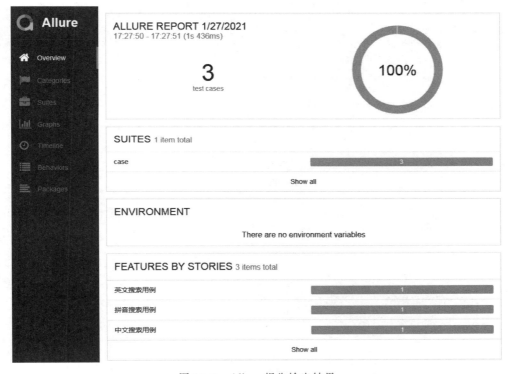

图 15.6　Allure 报告输出结果

框 架 篇

本部分内容主要建立在 Web 篇和 App 篇的基础之上。前面章节构建出了 UI 自动化测试框架，接下来的内容主要是在测试框架的基础上进行功能扩展、提升和优化，以及引入数据驱动、PO 模式、持续集成和分布式并发执行等内容。

第 16 章 数据驱动测试应用

自动化测试框架在后期优化过程中,测试数据与测试脚本的分离管理是必须进行的。前面章节讲到测试框架时,更多的是在强调对测试用例脚本的管理。本章重点讲解对测试数据的管理。根据数据源的不同,相应管理的实现也会有差异,但管理的总体思路是相仿的。

数据驱动的核心是数据,驱动是管理数据的一种方式,算是测试框架设计中的一种数据管理设计模式。可以通过自定义方法来管理数据的读写,也可以通过现有的驱动管理工具来对数据源进行管理。

常见的数据源有文本文件、Excel 文档、数据库 3 种。

目前测试框架中最常用的是以 Excel 文档为主的数据源,不过在项目框架中,数据源本身没有优劣之分,只要适合当前所维护的项目就可以了。数据驱动部分将对 3 种数据源的管理方法在 unittest 框架下分别进行实例讲解。

16.1 基础数据管理模块的实现

Python 自动文件读写方法 open()可以满足测试执行过程中基本的数据源管理功能。本节以文本文件作为数据源,使用 open()来完成测试用例执行过程中的数据驱动操作。

open()中关于数据读写的操作如下所示。

(1) read():读出指定大小的内容,默认为读取所有内容。
(2) readline():读出一行。
(3) readlines():读出所有行,返回一个 list 对象。
(4) write():写入文件。

以上 4 种方法基本可以完成测试数据的读写操作。数据驱动需要解决两个问题:一是读取数据方法的实现;二是读取数据后参数的整理和循环使用。通过 open()来定义一组方法实现。

16.1.1 从文件中读取测试数据

本节以百度首页的关键字查询实现关键字数据参数化。首先创建一个数据文档 data.txt,写入几行待调用参数,如图 16.1 所示。

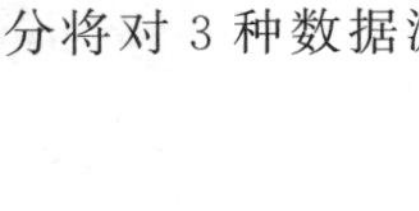

图 16.1 data.txt 参数文件内容

接下来定义从文档中读取数据方法,代码如下:

```python
#第16章/read_data.py
#读取文档数据方法,传入文档路径
def read(path):

    with open(path, 'r', encoding = 'utf-8') as fp:
        #定义空列表,用来存放数据
        testdata = []
        for i in fp.readlines():
            #处理单个数据前后空格或回车符
            temp = i.strip()
            #将处理后的参数置入列表中
            testdata.append(temp)

    return testdata
```

最后完成百度搜索测试用例的脚本,并在脚本实现参数化,代码如下:

```python
#第16章/read_demo.py
from selenium import webdriver
from time import sleep
from books16.text.read_data import read

#定义测试用例方法
def test_baidu_search(text):
    driver = webdriver.Chrome()
    driver.get('http://www.baidu.com/')

    driver.find_element_by_id('kw').send_keys(text)
    sleep(1)
    driver.find_element_by_id('su').click()
    sleep(2)
    #输出title,用来验证执行结果
    print(driver.title)
    driver.quit()

#定义运行方法
def run_case():
    #循环调用此方法,传入执行参数
    for i in read('./data.txt'):
        test_baidu_search(i)

#调用运行方法
run_case()
```

执行结果如图 16.2 所示。

```
C:\Users\Demon\AppData\Local\Programs\Python\Python37\python.exe
Thinkerbang_百度搜索
Selenium_百度搜索
UI自动化测试_百度搜索

Process finished with exit code 0
```

图 16.2　参数化用例执行结果

需要说明一下，本示例主要用来讲明数据驱动中的数据文件读取功能，未对用例脚本的循环进行隐式处理，而是直接在测试脚本中定义了一个 run_case()方法进行显式处理。如果读者想自己动手写一个完整的数据驱动方法，需要考虑到参数个数引起的用例脚本多次执行问题，并且需要将实现过程置入 read_data.py 文件中。本节不对此做深入演示。

16.1.2　将测试结果写入数据文件

测试结果数据的输出不属于数据驱动的一部分。数据驱动基本上只涉及测试脚本执行过程中参数数据的读取及执行过程。测试结果输出的过程与读取较为类似，因此本章所涉及的几种数据管理方法都加入了结果写入部分。

Python 中有一个 logging 日志模块，用来生成日志数据文件，对于向文档中写入结果使用起来比较方便。在 logging 的基础上完成测试结果输出，代码如下：

```
#第 16 章/write_data.py
import logging
import time

now = time.strftime("%Y-%m-%d %H_%M_%S")

logging.basicConfig(
    #日志级别
    level = logging.INFO,
    #日志格式
    #时间、代码所在文件名、代码行号、日志级别名字、日志信息
    format = '%(asctime)s %(filename)s[line: %(lineno)d] %(levelname)s %(message)s',
    #打印日志的时间
    datefmt = '%a, %d %b %Y %H: %M: %S',
    #日志文件存放在当前目录下
    filename = './' + now + 'report.log',
    #打开日志文件的方式
    filemode = 'w'
)
```

将代码 read_demo.py 略微进行修改，加入输出结果功能，代码如下：

```
#第16章/write_demo.py
from selenium import webdriver
from time import sleep
from books16.text.read_data import read
from books16.text.write_data import write_log

#定义测试用例方法
def test_baidu_search(text):
    driver = webdriver.Chrome()
    driver.get('http://www.baidu.com/')

    driver.find_element_by_id('kw').send_keys(text)
    sleep(1)
    driver.find_element_by_id('su').click()
    sleep(2)

    title = driver.title
    driver.quit()

    return title

#定义运行方法
def run_case():
    #循环调用此方法,传入执行参数
    for i in read('./data.txt'):
        temp = test_baidu_search(i)

        #将返回结果与参数写入 log 文件
        write_log(i, temp)

#调用运行方法
run_case()
```

执行结果如图 16.3 所示。

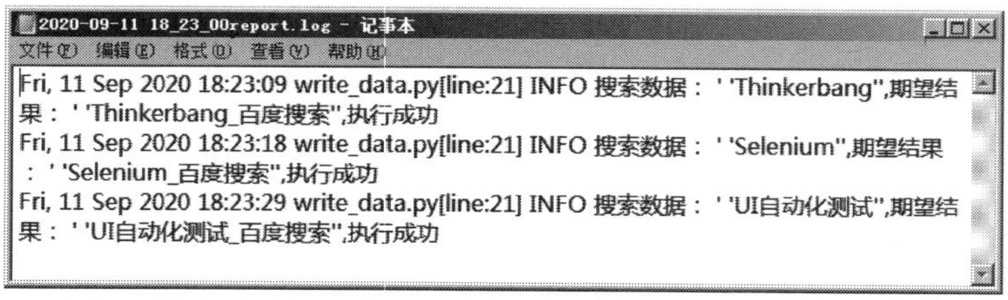
2020-09-11 18_23_00report.log - 记事本
文件(F) 编辑(E) 格式(O) 查看(V) 帮助(H)
Fri, 11 Sep 2020 18:23:09 write_data.py[line:21] INFO 搜索数据：' 'Thinkerbang'',期望结果：' 'Thinkerbang_百度搜索'',执行成功
Fri, 11 Sep 2020 18:23:18 write_data.py[line:21] INFO 搜索数据：' 'Selenium'',期望结果：' 'Selenium_百度搜索'',执行成功
Fri, 11 Sep 2020 18:23:29 write_data.py[line:21] INFO 搜索数据：' 'UI自动化测试'',期望结果：' 'UI自动化测试_百度搜索'',执行成功

图 16.3　report.log 文件内容

如果读者有兴趣,也可将断言的实现加入输出脚本中。这样可以根据断言结果输出用例执行的状态。

16.2 基于 ddt 数据驱动的实现

数据驱动的本质就是测试数据的参数化。参数来源可以是多样的,数据驱动程序负责将参数以固定的方式传入运行方法的形参变量中,从而实现数据参数化的操作。本章所要实现的数据驱动是以 ddt 库的方式对数据源进行参数化处理。

16.2.1 ddt 的介绍及安装

ddt 库是 Python 的第三方库,全称 Data-Driven/Decorated Tests,是基于 Python 测试框架实现数据驱动功能时常用的扩展包之一。

ddt 的安装仍然可以通过 pip3 实现。打开命令提示符窗口,输入 pip3 install ddt 命令,按下回车键进行安装,如图 16.4 所示。

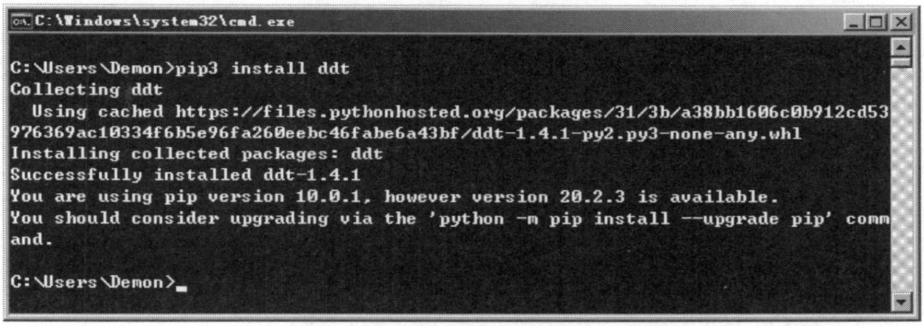

图 16.4 ddt 安装过程

16.2.2 ddt 读取测试数据

ddt 通常与 unittest 配合使用,代码如下:

```
#第 16 章/ddt_read_demo.py
import ddt
import unittest

@ddt.ddt
class TestDemo(unittest.TestCase):

    @ddt.data([3, 5, 8], [5, 9, 14])
    @ddt.unpack
    def test_add(self, one, two, result):
        temp = one + two
        self.assertEqual(temp, result)
```

```python
if __name__ == '__main__':
    unittest.main()
```

从示例可以看出,ddt 在参数化使用时比较简单,有以下 3 点需要注意。

(1) @ddt.ddt:位于测试类头部,用来指明 ddt 作用范围。
(2) @ddt.data():数据驱动入口,可以直接添加数据或数据集对象。
(3) @ddt.unpack:可以使传入数据与形参对应。

需要说明一下@ddt.unpack,当使用此修饰时,数据源中的两组参数可以使用例方法执行两次。两组数据依次与用例方法形参一一对应。若不使用@ddt.unpack 进行修饰,则代码 ddt_read_demo.py 需要进行修改,因为此时数据源是以元组的形式传入用例方法的,代码如下:

```python
#第 16 章/ddt_read_demo2.py
import ddt
import unittest

@ddt.ddt
class TestDemo(unittest.TestCase):

    @ddt.data([3, 5, 8], [5, 9, 14])
    #@ddt.unpack
    def test_add(self, *data):
        print(data)
        temp = data[0][0] + data[0][1]
        self.assertEqual(temp, data[0][2])

if __name__ == '__main__':
    unittest.main()
```

执行结果如图 16.5 所示。

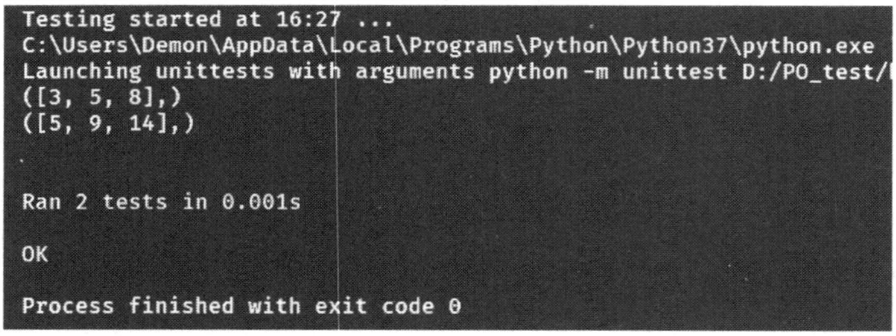

图 16.5 ddt_read_demo2.py 执行结果

通过图 16.5 的执行结果可以看到，不使用@ddt.unpack 进行修饰时，需要先将列表从元组中取出，再使用索引取出列表中的值。这种方法在使用的过程中会有诸多不便，从而会降低脚本的可读性，建议使用@ddt.unpack 的方式向形参传递数据。

16.2.3　ddt 对不同数据源的管理

ddt 可以驱动多种类型的数据，常见数据源有 txt/cvs 文档、Excel 文档、XML 文档、JSON 文档、数据库中的表数据。

以上数据源在使用过程中需要有相应的读取方式对数据进行处理，这样才可以传入 ddt 中进行数据驱动。UI 自动化脚本中最常用的数据源为 Excel 文档，一些高度依赖数据库的应用软件也会以数据库为数据源。本章主要讲解在 ddt 与 unittest 配合下这两种数据源的使用方法。

16.3　基于 Excel 表方式数据管理模块的实现

Excel 作为数据驱动中的数据源文件被自动化测试普遍采用，主要源于 Excel 强大的电子表格管理功能。与手工测试一样，一些趋于数据管理的软件在自动化测试过程中也需要创建大量测试数据，这项工作在 Excel 中来完成会减少很多额外工作量。

16.3.1　Excel 管理模块的介绍及安装

目前在 Python 中常用的关于 Excel 文档数据的读写管理的工具有以下几种。
（1）XlsxWriter：可以满足 Excel 文件的读写等操作，功能强大。
（2）xlutils：包含 xlrd、xlwt、xlutils 三大模块，分别提供 Excel 文件的读写功能。
（3）OpenPyXL：可以满足 Excel 文件的读写等操作，拥有文档数据修改功能。

以上 3 种工具均可满足自动化测试过程中对数据的读写操作。本节选用 xlutils 实现 Excel 文件读写操作。xlutils 是 xlrd、xlwt 两种模块的升级版，支持 xlsx 格式文件的读写操作。

打开命令提示符窗口，输入 pip install xlutils 命令，按下回车键进行安装，如图 16.6 所示。

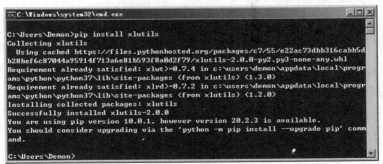

图 16.6　xlutils 安装过程

16.3.2 Excel表数据的读取

下面以百度搜索关键字为例,对Excel表数据的读取进行演示。

首先创建一个data.xls文件,工作簿名称命名为search,测试数据如图16.7所示。

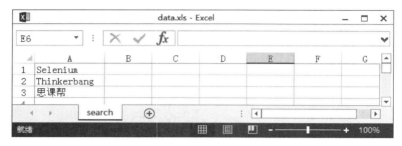

图16.7 data.xls测试数据

接下来使用xlrd读取文档中的数据,并通过ddt进行数据驱动,代码如下:

```python
#第16章/read_xls_data.py
from selenium import webdriver
from time import sleep
import unittest
import xlrd
import ddt

#获取数据源
#打开Excel文件
myWorkbook = xlrd.open_workbook('./data.xls')

#获取Excel工作表
mySheet = myWorkbook.sheet_by_name('search')

#获取行数
data_rows = mySheet.nrows

#声明空数据列表
test_data = []

#读取单元格数据
for i in range(data_rows):
    #创建一个空列表,将取出数据置入列表
    testlist = []
    temp = mySheet.cell_value(i, 0)
    testlist.append(temp)
```

```python
#将 testlist 列表置入最终数据源 test_data 中
#ddt 中的 data 数据读取是以列表为单位进行的,所以此处测试数据进行一次列表嵌套
    test_data.append(testlist)

@ddt.ddt
class TestBaiDu(unittest.TestCase):

    @ddt.data(*test_data)
    @ddt.unpack
    def test_search(self, text):
        self.driver = webdriver.Chrome()
        self.driver.get('http://www.baidu.com/')

        self.driver.find_element_by_id('kw').send_keys(text)
        sleep(2)
        self.driver.find_element_by_id('su').click()
        sleep(2)

        self.driver.quit()
if __name__ == '__main__':
    unittest.main()
```

16.3.3　Excel 表数据的写入

在 UI 自动化测试过程中,直接向 Excel 中写入测试结果使用得不是特别多。和 16.1.2 节所讲解的文档写入类似,可以把测试执行结果以日志方式写入 Excel 文档。这种使用方法的优势在于 Excel 日志记录会比纯文本日志更易于阅读和统计筛选。

在代码 read_xls_data.py 用例执行结果的基础上使用 xlwt 包实现日志写入功能,代码如下:

```python
#第16章/write_xls_data.py
from selenium import webdriver
from time import sleep, strftime
import unittest
import xlrd
import xlwt
import ddt


#获取数据源
#打开 Excel 文件
myWorkbook = xlrd.open_workbook('./data.xls')

#获取 Excel 工作表
```

```python
mySheet = myWorkbook.sheet_by_name('search')

# 获取行数
data_rows = mySheet.nrows

# 声明空数据列表
test_data = []

# 读取单元格数据
for i in range(data_rows):
    # 创建一个空列表，将取出数据置入列表
    testlist = []
    temp = mySheet.cell_value(i, 0)
    testlist.append(temp)

    # 将 testlist 列表置入最终数据源 test_data 中
    test_data.append(testlist)

# 创建 Excel 文档对象
wbfile = xlwt.Workbook()
# 创建工作簿
newSheet = wbfile.add_sheet('report_log')

# 设定文字样式
labStyle = xlwt.easyxf('font: name Times New Roman, color-index black, bold on')
conStyle = xlwt.easyxf('font: name Times New Roman, color-index green, bold on')

# 写入表头
newSheet.write(0, 0, '预期结果', labStyle)
newSheet.write(0, 1, '实际结果', labStyle)
newSheet.write(0, 2, '执行时间', labStyle)

# 声明位移变量
global count
count = 0

@ddt.ddt
class TestBaiDu(unittest.TestCase):
    @classmethod
    def setUpClass(cls):
        cls.driver = webdriver.Chrome()

    @classmethod
    def tearDownClass(cls):
        filenow = strftime("%Y-%m-%d %H_%M_%S")
```

```python
        #保存文件
        wbfile.save('./' + filenow + 'report.xls')
        cls.driver.quit()

    @ddt.data(*test_data)
    @ddt.unpack
    def test_search(self, text):
        global count
        now = strftime("%Y-%m-%d %H_%M_%S")

        self.driver.get('http://www.baidu.com/')

        self.driver.find_element_by_id('kw').send_keys(text)
        sleep(2)
        self.driver.find_element_by_id('su').click()
        sleep(2)

        #写入行向下位移
        count += 1

        #将结果数据写入文件
        newSheet.write(count, 0, text, conStyle)
        newSheet.write(count, 1, self.driver.title, conStyle)
        newSheet.write(count, 2, now, conStyle)

if __name__ == '__main__':
    unittest.main()
```

执行测试脚本后,生成 Excel 日志文件如图 16.8 所示。

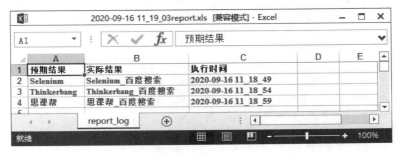

图 16.8 将测试结果写入 Excel 日志

16.3.4 模块化基于 Excel 数据表的操作

在代码 write_xls_data.py 中实现了基于 Excel 数据表的数据驱动测试和日志写入操作。从代码可以看出实现读取和写入的思路。这样写的缺点是代码通用性差,测试辅助功能与用例脚本写在一起,并且无法复用。在测试框架中通常会把这些通用的辅助功能提取出来放在扩展类中以便其他测试脚本进行调用。下面将 Excel 文件数据的获取和日志文件写入操作提取出来,代码如下:

```python
#第16章/utils_xls.py
from time import strftime
import xlrd
import xlwt

class ExcelTools():
    def __init__(self, path, sheetname):
        self.path = path
        self.sheetname = sheetname

    def getExcelData(self):
        #获取数据源
        #打开 Excel 文件
        myWorkbook = xlrd.open_workbook(self.path)

        #获取 Excel 工作表
        mySheet = myWorkbook.sheet_by_name(self.sheetname)

        #获取行数
        data_rows = mySheet.nrows

        #声明空数据列表
        test_data = []

        #读取单元格数据
        for i in range(data_rows):
            #创建一个空列表,将取出数据置入列表
            testlist = []
            temp = mySheet.cell_value(i, 0)
            testlist.append(temp)

            #将 testlist 列表置入最终数据源 test_data 中
            test_data.append(testlist)

        return test_data

    def writeExcelLog(self, data):
        #创建 Excel 文档对象
        wbfile = xlwt.Workbook()
        #创建工作簿
        newSheet = wbfile.add_sheet('report_log')
```

```python
# 设定文字样式
labStyle = xlwt.easyxf('font: name Times New Roman, color-index black, bold on')
conStyle = xlwt.easyxf('font: name Times New Roman, color-index green, bold on')

# 写入表头
newSheet.write(0, 0, '预期结果', labStyle)
newSheet.write(0, 1, '实际结果', labStyle)
newSheet.write(0, 2, '执行时间', labStyle)

# 将结果数据写入文件
for i in range(len(data)):
    newSheet.write(i + 1, 0, data[i][0], conStyle)
    newSheet.write(i + 1, 1, data[i][1], conStyle)
    newSheet.write(i + 1, 2, data[i][2], conStyle)

filenow = strftime("%Y-%m-%d %H_%M_%S")
# 保存文件
wbfile.save('./' + filenow + 'report.xls')
```

用例脚本调用 utils_xls.py 中相应的方法，代码如下：

```python
# 第16章/run_test.py
from selenium import webdriver
from time import sleep, strftime
from books16.excel.utils_xls import ExcelTools
import unittest
import ddt

# 声明对象
xlsData = ExcelTools('./data.xls', 'search')
# 获取测试数据
condata = xlsData.getExcelData()
# 声明日志数组
data_log = []

@ddt.ddt
class TestBaiDu(unittest.TestCase):
    @classmethod
    def setUpClass(cls):
        cls.driver = webdriver.Chrome()

    @classmethod
    def tearDownClass(cls):
        xlsData.writeExcelLog(data_log)
```

```python
        cls.driver.quit()

    @ddt.data(*condata)
    @ddt.unpack
    def test_search(self, text):

        now = strftime("%Y-%m-%d %H_%M_%S")

        self.driver.get('http://www.baidu.com/')

        self.driver.find_element_by_id('kw').send_keys(text)
        sleep(2)
        self.driver.find_element_by_id('su').click()
        sleep(2)

        #将日志数据写入临时列表
        temp = [text, self.driver.title, now]
        #将临时列表数据写入日志列表
        data_log.append(temp)

if __name__ == '__main__':
    unittest.main()
```

运行代码,执行结果与图 16.8 一致。

16.4 数据库方式数据管理模块的实现

数据库方式管理自动化测试数据多见于与金融证券相关行业软件的自动化测试。庞大的数据字段验证让自动化测试脚本运行时构造数据变得困难,而直接从库表中批量获取脚本执行过程中所需数据则成为一个不错的选择。

16.4.1 数据库驱动的安装调试

本节使用 MySQL + pyMySQL 组合实现 Python 自动化脚本的测试数据管理。pyMySQL 的前身是基于 Python 2 的插件 MySQLDB。

1. MySQL 的安装

安装 MySQL 数据库管理工具,将 root 用户密码设置为 1234,如图 16.9 所示。

2. pyMySQL 的安装

打开命令提示符工具,输入 pip install pyMySQL 命令进行安装,如图 16.10 所示。

3. 连接 MySQL 数据库验证

最后需要验证数据库连接情况,代码如下:

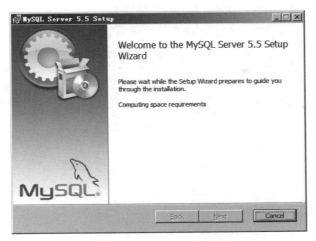

图 16.9 MySQL 安装界面

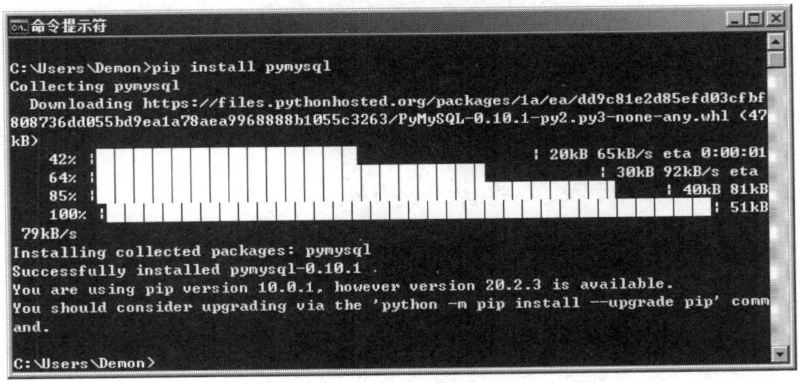

图 16.10 pyMySQL 安装

```
# 第 16 章/connect_sql.py
import pyMySQL

# 使用 connect 建立数据库连接对象
# 用户名:root
# 密 码:1234
# 数据库:test
db = pyMySQL.connect("localhost", "root", "1234", "test")

# 创建数据库游标
cursor = db.cursor()

# 执行版本查询语句
```

```python
cursor.execute("SELECT VERSION()")

# 获取查询结果
data = cursor.fetchone()

# 打印查询结果
print("Database version : %s " % data)

# 关闭游标
cursor.close()

# 释放数据库连接对象
db.close()
```

执行结果如图 16.11 所示。

```
C:\Users\Demon\AppData\Local\Programs\Python\Python37\python.exe
Database version : 5.5.12

Process finished with exit code 0
```

图 16.11　数据库连接验证

16.4.2　基础数据表及数据的初始化

在 16.4.1 节中成功连接上数据库,本节主要就建表及表的增、删、改、查基本功能进行示例。

1. 建表

在 test 数据库中创建名为 TEST_DATA 数据表,代码如下:

```python
# 第 16 章/test_create.py
import pyMySQL

db = pyMySQL.connect("localhost", "root", "1234", "test")

cursor = db.cursor()

# 若已有同名表存在,删除同名表
# 调试代码会出现多次执行建表的情况
cursor.execute("DROP TABLE IF EXISTS TEST_DATA")

# 建表语句
sql = """CREATE TABLE TEST_DATA (
        ID INT NOT NULL,
        EXPECT CHAR(20),
```

```
                ACTUAL CHAR(20)
             )"""

#执行 sql 语句
cursor.execute(sql)

#释放数据库连接对象
db.close()
```

执行结束后在 test 数据库中输入 show tables 命令进行查看,结果如图 16.12 所示。

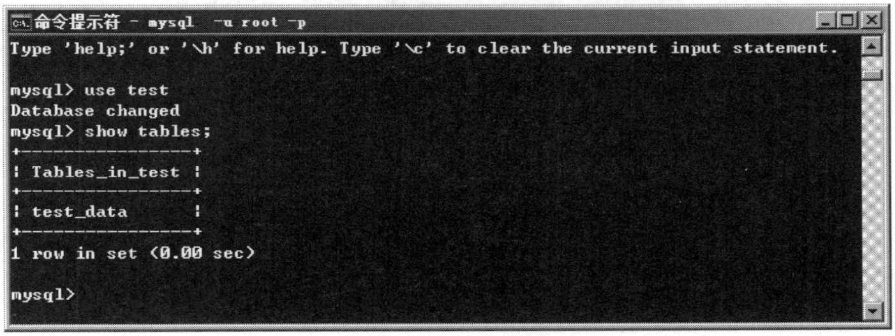

图 16.12 建表代码执行结果

2. 新增

向新建数据表中插入测试数据,代码如下:

```
#第 16 章/test_insert.py
import pyMySQL

db = pyMySQL.connect("localhost", "root", "1234", "test",)
cursor = db.cursor()

#插入测试数据
sql = """INSERT INTO TEST_DATA(ID,EXPECT,ACTUAL)
         VALUES(1, 'thinkerbang', 'pass'),
              (2, 'Selenium', 'pass')"""

try:
    #执行 sql 语句
    cursor.execute(sql)
    #提交至数据库
    db.commit()
except:
    #若插入数据失败,则回滚
```

```
        db.rollback()

#释放数据库连接
db.close()
```

执行结束后在 test 数据库中输入 select * from test_data 命令进行查看,结果如图 16.13 所示。

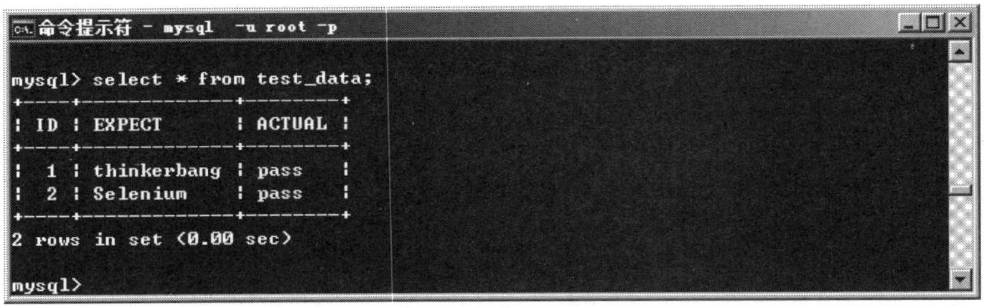

图 16.13　新增数据代码执行结果

3. 修改
按给定条件修改插入数据,代码如下:

```
#第16章/test_update.py
import pyMySQL

db = pyMySQL.connect("localhost", "root", "1234", "test")
cursor = db.cursor()

#根据条件更新数据
sql = "UPDATE TEST_DATA SET ACTUAL = '%s' WHERE EXPECT = '%s'" % ('fail','Selenium')

try:
    #执行 sql 语句
    cursor.execute(sql)
    #提交至数据库
    db.commit()
except:
    #若插入数据失败,则回滚
    db.rollback()

#释放数据库连接
db.close()
```

执行结束后在 test 数据库中输入 select * from test_data 命令进行查看,结果如图 16.14 所示。

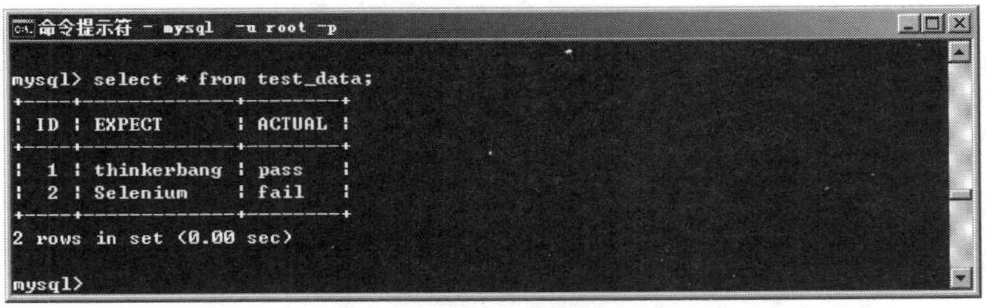

图 16.14　修改数据代码执行结果

4．删除

按条件删除表中已有数据，代码如下：

```
#第16章/test_delete.py
import pyMySQL

db = pyMySQL.connect("localhost", "root", "1234", "test")
cursor = db.cursor()

#按条件删除数据
sql = "DELETE FROM TEST_DATA WHERE ACTUAL = '%s'" % ('pass')

try:
    #执行sql语句
    cursor.execute(sql)
    #提交至数据库
    db.commit()
except:
    #若插入数据失败,则回滚
    db.rollback()

#释放数据库连接
db.close()
```

执行结束后在 test 数据库中输入 select * from test_data 命令进行查看，结果如图 16.15 所示。

图 16.15　删除数据代码执行结果

5. 查询

按给定条件查询表中数据,代码如下:

```python
#第16章/test_select.py
import pyMySQL

db = pyMySQL.connect("localhost", "root", "1234", "test")
cursor = db.cursor()

#查询所有执行结果为fail状态的数据
sql = "SELECT * FROM TEST_DATA WHERE ACTUAL = '%s'" % ('fail')

try:
    #执行sql语句
    cursor.execute(sql)

    #获取执行结果
    results = cursor.fetchall()

    for row in results:
        id = row[0]
        expect = row[1]
        actual = row[2]
        print("编号:%s,预期结果:%s,执行结果:%s" % (id, expect, actual))
except:
    print("Error: unable to fetch data")

#释放数据库连接
db.close()
```

执行结束后,结果如图 16.16 所示。

图 16.16 查询数据代码执行结果

16.4.3 测试数据的读取和写入

演示完 pyMySQL 的基本使用方法后,以百度首页搜索为例,引入 Selenium + ddt + pyMySQL 组合的方式实现自动化测试中的数据驱动部分。搜索关键字从数据表中读取,执行结束后将测试用例的执行结果写入数据表中,代码如下:

```python
#第16章/test_baidu.py
from selenium import webdriver
from time import sleep
import unittest
import ddt
import pyMySQL

"""初始化数据库及表数据"""
#建表
db = pyMySQL.connect("localhost", "root", "1234", "test")
cursor = db.cursor()

cursor.execute("DROP TABLE IF EXISTS TEST_DATA")

sql = """CREATE TABLE TEST_DATA (
         ID INT NOT NULL,
         EXPECT CHAR(20),
         ACTUAL CHAR(20)
          )"""

cursor.execute(sql)

#写入测试数据
sql = """INSERT INTO TEST_DATA(ID,EXPECT)
         VALUES(1, 'thinkerbang'),
              (2, 'Selenium')"""
try:
    cursor.execute(sql)
    db.commit()
except:
    db.rollback()

#查询测试数据
sql = "SELECT EXPECT FROM TEST_DATA "

try:
    cursor.execute(sql)
    results = cursor.fetchall()
    condata = []
    for row in results:
        temp = []
        temp.append(row[0])
        condata.append(temp)
except:
    print("Error: unable to fetch data")
```

```python
@ddt.ddt
class TestBaiduSearch(unittest.TestCase):

    @ddt.data(*condata)
    @ddt.unpack
    def test_search(self, text):
        self.driver = webdriver.Chrome()
        self.driver.get('http://www.baidu.com/')

        self.driver.find_element_by_id('kw').send_keys(text)
        sleep(2)
        self.driver.find_element_by_id('su').click()
        sleep(2)

        #将执行结果写入数据表
        if text in self.driver.title:
            sql = "UPDATE TEST_DATA SET ACTUAL = '%s' WHERE EXPECT = '%s'" % ('pass', text)
        else:
            sql = "UPDATE TEST_DATA SET ACTUAL = '%s' WHERE EXPECT = '%s'" % ('fail', text)
        cursor.execute(sql)
        db.commit()
        self.driver.quit()

if __name__ == '__main__':
    unittest.main()
```

执行结束后在数据库中查询用例执行结果,结果如图 16.17 所示。

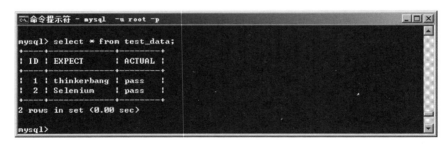

图 16.17　百度搜索脚本执行结果

16.4.4　模块化数据库操作

从代码 test_baidu.py 可以看出,基于数据库的初始化及测试数据提取和执行结果的写入部分具有通用性,需要将其提取出来作为工具文件使用,提取测试数据的方法代码如下:

```python
#第16章/utils_sql.py
import pyMySQL

class SqlTools():
    #本处初始化仅为当前示例服务,具体应用时从实际表中取数据,不需此操作
    def __init__(self):
        self.createTable()
        self.insertData()

    def createTable(self):
        db = pyMySQL.connect("localhost", "root", "1234", "test")
        cursor = db.cursor()

        cursor.execute("DROP TABLE IF EXISTS TEST_DATA")

        sql = """CREATE TABLE TEST_DATA (
             ID INT NOT NULL,
             EXPECT CHAR(20),
             ACTUAL CHAR(20)
             )"""

        cursor.execute(sql)
        db.close()

    def insertData(self):
        db = pyMySQL.connect("localhost", "root", "1234", "test")
        cursor = db.cursor()
        sql = """INSERT INTO TEST_DATA(ID,EXPECT)
                 VALUES(1, 'thinkerbang'),
                       (2, 'Selenium')"""
        try:
            cursor.execute(sql)
            db.commit()
        except:
            db.rollback()

        db.close()

    def getData(self):

        db = pyMySQL.connect("localhost", "root", "1234", "test")
        cursor = db.cursor()

        sql = "SELECT EXPECT FROM TEST_DATA "
```

```python
        try:
            cursor.execute(sql)
            results = cursor.fetchall()
            condata = []
            for row in results:
                temp = []
                temp.append(row[0])
                condata.append(temp)
        except:
            print("Error: unable to fetch data")

        db.close()
        return condata

    def updateData(self,expect,result):

        db = pyMySQL.connect("localhost", "root", "1234", "test")
        cursor = db.cursor()
        sql = "UPDATE TEST_DATA SET ACTUAL = '%s' WHERE EXPECT = '%s'" % (result, expect)
        try:
            cursor.execute(sql)
            db.commit()
        except:
            db.rollback()

        db.close()
```

对测试脚本同步进行优化，代码如下：

```python
#第16章/run_test_sql.py
from selenium import webdriver
from time import sleep
from books16.dbtable.utils_sql import SqlTools
import unittest
import ddt

ob = SqlTools()
condata = ob.getData()


@ddt.ddt
class TestBaiduSearch(unittest.TestCase):

    @classmethod
    def setUpClass(cls):
```

```python
        cls.driver = webdriver.Chrome()

    @classmethod
    def tearDownClass(cls):
        cls.driver.quit()

    @ddt.data(*condata)
    @ddt.unpack
    def test_search(self, text):

        self.driver.get('http://www.baidu.com/')

        self.driver.find_element_by_id('kw').send_keys(text)
        sleep(2)
        self.driver.find_element_by_id('su').click()
        sleep(2)

        # 将执行结果写入数据表
        if text in self.driver.title:
            ob.updateData(text, 'pass')
        else:
            ob.updateData(text, 'fail')

if __name__ == '__main__':
    unittest.main()
```

运行代码,执行结果与图 16.17 一致。

至此,关于 UI 自动化测试框架中数据驱动部分就讲解完毕了。由于实际测试项目的差异,没有一种可以适用于所有项目的数据驱动方法。本章重点讲解了几种常用的方法,具体到各位读者的在测项目中,则需要根据实际需求进行方法改进。

第 17 章 基于 PO 模式的自动化框架实现

相信读者对测试框架的概念并不陌生,本书到目前为止讲解了 unittest、pytest 两组测试框架。从前面章节的讲解可以看出,测试框架本身是为了更好地管理测试流程而存在的,而设计模式(Design Pattern)代表了最佳的实践,是测试开发人员在框架开发过程中面临的一般问题的解决方案。

原则上,软件开发领域的 23 种常见设计模式都可以引入自动化测试框架开发中。PO 模式是为数不多的仅针对软件 UI 层自动化测试产生的设计模式,本章重点讲解 PO 模式的原理及实现过程。

17.1 什么是 PO 模式

PO 模式(Page Object)是 Selenium 自动化测试项目开发实践的最佳设计模式之一。主要体现在对界面交互细节的封装,这样可以使测试案例更关注于业务而非界面细节,从而提高测试案例的可读性。

在现有测试框架下,随着时间的推移,测试套件中所维护用例数也会随之增加,相应的脚本也会增加。软件每次的页面优化或操作方式的改变会导致部分定位元素的变更,与之对应的脚本维护工作量将会变大。

PO 模式作为一种设计模式,会将 Web 测试过程中所涉及的页面元素、页面操作、业务流程分别抽象成独立对象来管理,如图 17.1 所示。当软件发生变更时,根据实际情况来维护某一模块。

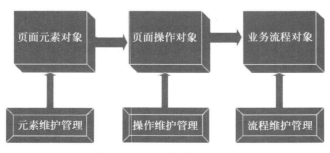

图 17.1 PO 模式管理流程

17.2 PO 模式在 UI 自动化中的优势

在测试代码中直接操作 HTML 元素时，由于 UI 层元素及属性可能经常会发生变动，导致代码运行稳定性差。PO 模式对界面交互细节进行了封装，这样可以使测试案例更关注业务，而非界面细节，从而提高了测试案例的可读性。

UI 自动化测试引入 PO 模式后，优点体现在以下几个方面。

（1）页面对象与用例分离，可以更好地复用对象，减少代码冗余。
（2）业务与实现分开管理。
（3）降低维护成本。
（4）提高代码的可读性。

17.2.1 三层模式

三层模式，是把 UI 自动化分为对象库层、操作层和业务层。图 17.1 中的页面元素对象、页面操作对象和业务流程对象与三层为对应关系。

17.2.2 模式示例

以网站登录为例，使用三层模式的方式直观示例 PO 模式的基本实现过程。

1. 对象库层

创建登录页面元素类，登录页面定位元素以变量形式存放，代码如下：

```
#第17章/object.py
#将操作元素置入变量
class LoginPage:
    deng = ""
    userName = "username"
    pwd = "password"
    login = "//*[@id='login']/div[3]/input"
```

2. 操作层

创建操作方法类，代码如下：

```
#第17章/opration.py
from books17.demo.object import LoginPage
from selenium import webdriver
import time

class Opration:

    def __init__(self):
```

```python
        # 初始化驱动对象
        self.driver = webdriver.Chrome()

    def inputUser(self, name, pwd):
        # 实现登录操作
        self.driver.get("http://login.kongfz.com/")
        self.driver.find_element_by_name(LoginPage.userName).clear()
        time.sleep(3)
        self.driver.find_element_by_name(LoginPage.userName).send_keys(name)
        time.sleep(3)
        self.driver.find_element_by_name(LoginPage.pwd).send_keys(pwd)
        time.sleep(3)
        self.driver.find_element_by_xpath(LoginPage.login).click()
        time.sleep(3)
        self.driver.quit()
```

3. 业务层

使用操作方法组成业务操作流程,此处业务层为演示,仅以登录为例,代码如下:

```python
# 第17章/bussiness.py
from books17.demo.opration import Opration


# 实现登录方法
def login():
    test = Opration()
    test.inputUser("thinkerbang@126.com", "12346")


# 运行登录方法
login()
```

17.3 定位元素层的实现

从本节开始,将在 unittest 框架的基础上使用 PO 模式实现 UI 自动化测试。以孔夫子旧书网为例,业务实现选取登录后的首页搜索、图书加入购物车、购物车生成订单 3 个场景来完成 PO 模式下 UI 自动化测试的实现过程。

17.3.1 实现思路

定位元素在脚本实现过程中有两种方式:一是像 17.2.2 节示例中那样将元素以变量方式存储于脚本文件中;二是使用数据驱动方式,将元素变量以键值对的方式存储于数据文件(xlsx、json、txt)中。

当定位元素数据量少时第一种方式可满足需求。当实际项目测试过程中所涉及定位元素数据量较大时,为了后期维护方便,可以以页面组为单位,将定位元素存入不同的脚本文件中以供调用。也可以使用第2种方式来完成数据存放。本节实例使用第1种方式存储定位元素,有兴趣的读者可以使用本书第16章所讲解的数据驱动方式来替换本实例中定位元素层的实现方式。

17.3.2 实现过程

创建网站业务流操作所涉及页面操作元素类,代码如下:

```python
#第17章/object_kong.py
class KongFuZi:
    #登录页
    deng = ""
    userName = "username"  #属性:name
    pwd = "password"  #属性:name
    login = "//*[@id='login']/div[3]/input"

    #首页
    searchname = "searchWord"  #属性:name
    searchbutton = "searchBtn"  #属性:id
    cart = "cartLink"  #属性:id
    addcart = "add-cart-btn"  #属性:class

    #购物车页
    firstbook = "iconfont_cart check_book icon_check"  #属性:class

    buybtn = "btn_pay"  #属性:class
```

17.4 操作层的实现

17.4.1 实现思路

本节中将页面操作细节拆分成若干方法进行单独存放,并将 WebDriver 的实现封装进此操作类中。操作过程中所用到的定位元素从对象库文件中调用即可。操作类方法之间尽量不出现相互调用耦合关系。另外,在此实例实现思路中,给可能出现在业务流程终端的方法一个返回值,方便在业务流程用例中做断言使用。

17.4.2 实现过程

创建网站业务流程中所涉及的操作功能,以方法形式存储,代码如下:

```python
# 第 17 章/opraction_kong.py
from books17.object_kong import KongFuZi
from selenium import webdriver
import time


class Opration:

    def __init__(self):
        # 初始化驱动对象
        self.driver = webdriver.Chrome()
        self.driver.maximize_window()

    # 打开首页操作
    def openIndex(self):
        self.driver.get("http://www.kongfz.com/")

    # 关闭浏览器操作
    def quitExpl(self):
        self.driver.quit()

    # 登录操作
    def login(self, name, pwd):
        # 实现登录操作
        self.driver.get("http://login.kongfz.com/")
        self.driver.find_element_by_name(KongFuZi.userName).clear()
        time.sleep(3)
        self.driver.find_element_by_name(KongFuZi.userName).send_keys(name)
        time.sleep(3)
        self.driver.find_element_by_name(KongFuZi.pwd).send_keys(pwd)
        time.sleep(3)
        self.driver.find_element_by_xpath(KongFuZi.login).click()
        time.sleep(3)

    # 搜索操作
    def serachBooks(self, booksname):
        self.driver.find_element_by_name(KongFuZi.searchname).send_keys(booksname)
        time.sleep(2)
        self.driver.find_element_by_id(KongFuZi.searchbutton).click()
        time.sleep(2)

        # 返回搜索页 title,用作断言
        return self.driver.title

    # 加入购物车操作
```

```python
    def addCart(self):
        self.driver.find_elements_by_class_name(KongFuZi.addcart)[0].click()
        time.sleep(2)

    #进入购物车操作
    def inputCart(self):
        self.driver.find_element_by_id(KongFuZi.cart).click()
        time.sleep(2)
        print(self.driver.page_source)
        #返回购物车页面内容,用作断言
        return self.driver.page_source

    #选择购物车内容操作
    def selectCartBook(self):
        #选择搜索结果中的第一条内容
        self.driver.find_elements_by_class_name(KongFuZi.firstbook)[0].click()
        time.sleep(2)

    #生成订单操作
    def generateOrder(self):
        self.driver.find_element_by_class_name(KongFuZi.buybtn).click()
        time.sleep(2)

        #返回订单页title,用作断言
        return self.driver.title
```

17.5 业务层的实现

17.5.1 实现思路

本节将实现登录后首页搜索、图书加入购物车、购物车生成订单 3 个场景。为了简化脚本，本节将业务层作为运行入口。此处预留一个未实现的 run 文件入口，读者可以根据本书第 9 章所讲解的框架实例，设计一个批量执行和结果输出的框架入口文件。

17.5.2 实现过程

创建网站登录、图书搜索、加入购物车、生成订单购物流程，代码如下：

```python
#第 17 章/bussiness_kong.py
from books17.opration_kong import Opration
import unittest
```

```python
class BussCase(unittest.TestCase):

    @classmethod
    def setUpClass(self):
        # 创建操作对象
        self.opra = Opration()

    @classmethod
    def tearDownClass(self):
        # 关闭浏览器
        self.opra.quitExpl()

    # 首页搜索图书流程
    def test_booksSearch(self):
        # 登录操作
        self.opra.login("thinkerbang@126.com", "12346")
        # 进入首页操作
        self.opra.openIndex()
        # 搜索操作
        text = self.opra.serachBooks("上海王")

        # 对搜索结果进行断言
        self.assertEqual('孔网搜索:上海王', text)

    # 搜索图书并加入购物车流程
    def test_cartAddBooks(self):
        # 进入首页操作
        self.opra.openIndex()
        # 搜索操作
        self.opra.serachBooks("上海王")
        # 加入购物车操作
        self.opra.addCart()
        text = self.opra.inputCart()

        # 对购物车页面进行关键字断言
        self.assertIs("上海王", text)

    # 购物车选择图书生成订单流程
    def test_generateOrder(self):
        # 进入首页操作
        self.opra.openIndex()
        # 进入购物车页面
        self.opra.inputCart()
        # 在购物车选择图书操作
        self.opra.selectCartBook()
```

```
        #生成订单
        text = self.opra.generateOrder()

        #对订单页进行断言
        self.assertEqual(text, '确认订单-孔网')


if __name__ == "__main__":
    unittest.main()
```

第 18 章 PO 模式的自动化框架实战

从本章开始,将会在一套 UI 自动化设计框架中融入 PO 模式的思想。在轻量级自动化测试框架中,用例脚本数量较少,PO 模式的加入反而会增加框架维护的成本。当自动化测试脚本形成规模以后,PO 模式的优势就会显现出来。

18.1 框架整体设计思路

本套框架与本书第 17 章 PO 模式基础中所实现的基础框架策略不同。框架以 page 操作为基础层向上封装。第 2 层设置为 action 层,主要集成页面操作流程。第 3 层为 bussiness 层,直接调用操作流程与辅助功能。具体实现思路如图 18.1 所示。

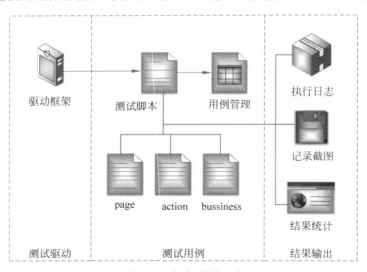

图 18.1 框架设计思路

18.2 utils 模块的开发

本模块内容以测试用例脚本执行过程中的辅助操作为主。重点在测试数据的读取和最终结果的输出。

18.2.1 配置数据的存放与读取

配置数据分两部分：一是存储数据文件；二是调用数据方法文件。存储数据存放在 config.ini 文件中，代码如下：

```
#第18章/config.ini
[system]
#日志存放位置
log_path = ./log/

#执行记录截图存放位置
screenshot_path = ./report/image/

#测试数据存放位置
data_path = ./data/

#excel结果存放位置
excel_report_path = ./report/excel/
```

配置数据调用方法存放在 config.py 文件中，代码如下：

```
#第18章/config.py
import configparser

class Config():

    def __init__(self):
        self.file = './config/config.ini' #配置文件目录

    #获取配置
    def get_config(self, section, name):
        conf = configparser.ConfigParser()
        conf.read(self.file, encoding="utf-8")
        name = conf.get(section, name)
        return name

#读取测试
#qq = Config()
```

```python
# text = qq.get_config('system', 'log_path')
# print(text)
```

18.2.2 日志、截图及测试结果的输出

本部分内容分为3部分：测试用例执行步骤的日志记录输出、测试过程中的截图输出、测试结果记录输出。本节主要从几个方面对测试过程进行记录和对测试执行结果进行反馈，日志生成方法定义的代码如下：

```python
# 第18章/log.py
import logging
import os
from books18.utils import constants


class Log:

    def __init__(self):
        # 初始化日志写入的文件
        self.folder = constants.get_value('log_folder')
        self.file = constants.get_value('log_file')

        # 查询文件夹是否存在,若不存在则创建文件
        if not os.path.exists(self.folder):
            os.makedirs(self.folder)

        # 配置日志输出参数
        logging.basicConfig(
            level = logging.INFO,
            format = '%(asctime)s %(levelname)s %(message)s',
            datefmt = '%Y-%m-%d %A %H:%M:%S',
            filename = self.folder + '/' + self.file + '.txt',
            filemode = 'a'
        )

    # 写入日志
    def add_log(self, page, func, des):
        out_str = page + ':' + func + ':' + des
        logging.info(out_str)
```

测试执行步骤输出日志格式如图18.2所示。

生成用例执行过程中快照截取方法，代码如下：

图 18.2　测试执行记录

```
#第18章/screenshot.py
import os
from books18.utils import constants


class Screenshot():

    def __init__(self):
        #初始化截图保存的文件
        self.folder = constants.get_value('screenshot_folder')

        #查询文件夹是否存在,若不存在则创建文件
        if not os.path.exists(self.folder):
            os.makedirs(self.folder)

    #保存截图
    def add_screenshot(self, driver, img_name):
        driver.get_screenshot_as_file(self.folder + '/' + img_name + ".png")
```

用例执行过程中将数据存放进 Excel 文件,定义创建及存入方法,代码如下:

```
#第18章/report.py
import datetime
from xlutils.copy import copy
from books18.utils import constants


class Report():
    def __init__(self):
        #初始化报告保存的文件
        self.output_file = constants.get_value('excel_report_folder') + '/' + constants.get_value(
            'excel_report_file') + '.xls'

    #保存测试执行结果数据
```

```python
def add_excel_report(self, buss, action, des):
    now_time = datetime.datetime.now()
    rexcel = xlrd.open_workbook(self.output_file, formatting_info = True)
    row = rexcel.sheets()[0].nrows
    addexcel = copy(rexcel)
    addsheet = addexcel.get_sheet(0)
    addsheet.write(row, 0, buss)
    addsheet.write(row, 1, action)
    addsheet.write(row, 2, des)
    addsheet.write(row, 3, now_time.strftime('%Y-%m-%d %H:%M:%S'))
    addexcel.save(self.output_file)
```

将测试执行结果保存进 Excel 文件中，格式如图 18.3 所示。

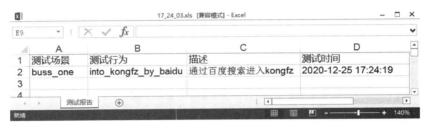

图 18.3　测试结果

18.2.3　驱动及全局变量的设置

驱动与全局变量要解决的是同一个问题，即用例间数据重复的问题。UI 自动化测试用例执行时首先需要声明 WebDriver 对象，这里需要解决不同测试用例脚本对 WebDriver 对象的调用问题。本框架将此对象在文件中单独声明以供全局调用，代码如下：

```python
# 第 18 章/driver.py
from selenium import webdriver

class Driver:
    # 声明基于 Chrome 浏览器的驱动对象
    def get_driver(self):
        driver = webdriver.Chrome()
        return driver
```

测试框架中文件间数据传递过程中需要使用变量作为中间载体，过度使用形式参数与返回值进行文件间参数传递会导致框架健壮性的降低。可以通过使用全局参数的方式来解决此问题，代码如下：

```
# 第 18 章/constants.py
# 初始化
def _init():
    global _global_dict
    _global_dict = {}


# 设置一个全局变量
def set_value(key, value):
    _global_dict[key] = value


# 获得一个全局变量,若不存在则返回默认值
def get_value(key, defValue = None):
    try:
        return _global_dict[key]
    except KeyError:
        return defValue
```

18.3　page 模块的开发

本节主要实现与封装 UI 层页面操作,与本书第 17 章三层模式中的第二层操作层对应。理论上 page 层以下需设置页面元素层。基于两种情况考虑,本框架中未置入页面元素的操作,一是本框架侧重流程与辅助功能实现的操作,框架实现的重点在实际业务流程。二是第 17 章已完整实现页面元素层的操作,本框架部分去除了两章之间重复的操作代码。读者可以自行将页面元素层的实现加入本测试框架中。

18.3.1　通用方法的实现

通用方法的定义,例如延时函数、页面间跳转等,都可以算作此类方法。代码中列出两种方法示例,任何在测试脚本中多次使用且与页面内容无关的操作均可置入此类。在初始化方法中引入驱动对象、输出日志对象、截图对象,代码如下:

```
# 第 18 章/base_page.py
import time
from books18.utils import log
from books18.utils import screenshot
from books18.utils import constants


class BasePage:
```

```python
    def __init__(self):
        self.driver = constants.get_value('my_driver')
        self.mlog = log.Log()
        self.mscreenshot = screenshot.Screenshot()

    # 延时函数
    def delay_time(self):
        time.sleep(3)

    # 进入最新的页面
    def to_last_window(self):
        handles = self.driver.window_handles
        self.driver.switch_to.window(handles[-1])
```

18.3.2 基础页面操作的实现

以百度首页搜索为例，实现基本的打开、搜索、超链接跳转等操作，代码如下：

```python
# 第18章/baidu_index.py
from books18.case.page import base_page


class BaiduIndex(base_page.BasePage):

    def __init__(self):
        super().__init__()
        self.index_URL = 'https://www.baidu.com/'

    # 进入当前页面
    def in_this_page(self):
        self.mlog.add_log('BaiduIndex', 'in_this_page', '进入百度首页')
        self.driver.get(self.index_URL)
        self.mscreenshot.add_screenshot(self.driver, 'baidu_index')

    # 刷新当前页面
    def refresh_page(self):
        self.mlog.add_log('BaiduIndex', 'refresh_page', '刷新百度首页')
        self.driver.refresh

    # 退出浏览器
    def exit_exp(self):
        super().delay_time()
        self.driver.quit()
```

```python
# 搜索功能测试
def search_content(self, content):
    self.mlog.add_log('BaiduIndex', 'seach_content', '清空输入栏')
    self.driver.find_element_by_xpath("//input[@id = 'kw']").clear()
    self.mlog.add_log('BaiduIndex', 'seach_content', '输入要搜索的内容:' + content)
    self.driver.find_element_by_xpath("//input[@id = 'kw']").send_keys(content)
    super().delay_time()
    self.mlog.add_log('BaiduIndex', 'seach_content', '提交搜索')
    self.mscreenshot.add_screenshot(self.driver, 'baidu_search')
    self.driver.find_element_by_xpath("//input[@id = 'su']").click()
    super().delay_time()

# 跳转超链接
def link_to_page(self, page_name):

    if page_name == '新闻':
        xpath_name = 'tj_trnews'
    elif page_name == '地图':
        xpath_name = 'tj_trmap'
    elif page_name == '学术':
        xpath_name = 'tj_trxueshu'
    else:
        xpath_name = ''

    self.mlog.add_log('BaiduIndex', 'link_to_page', '通过超链接进入' + page_name + '页面')
    self.driver.find_element_by_xpath("//a[@name = '" + xpath_name + "']").click()
    super().delay_time()

# 单击搜索结果
def into_search_result(self, page, point):
    self.mlog.add_log('BaiduContent', 'into_search_result', '单击第' + str(page) + '页第' + str(point) + '条内容')
    self.driver.find_element_by_xpath("//div[@id = '" + str((page - 1) * 10 + point) + "']/h3/a").click()
```

18.4 action 模块的开发

action 模块对应第 17 章中的第三层业务层，将 page 层基础操作连接在一起实现业务流程操作。

将代码 baidu_index.py 中的基础页面操作组成实际业务流程。本实例覆盖了部分基础页面操作，代码如下：

```python
#第18章/baidu.py
from books18.case.page import baidu_index


class Baidu:

    def __init__(self):
        self.baidu_index_pg = baidu_index.BaiduIndex()

    #通过百度进入孔夫子旧书网
    def into_kongfz_by_baidu(self):
        self.baidu_index_pg.in_this_page()
        self.baidu_index_pg.search_content('孔夫子旧书网')
        self.baidu_index_pg.into_search_result(1, 1)
        self.baidu_index_pg.exit_exp()
```

18.5 business 模块的开发

本节引用 action 层所实现业务流程用例，重点实现辅助功能的置入及测试结果的最终输出操作。框架整体的入口方法也放在本节实现。

18.5.1 业务流用例的执行和输出

将业务用例脚本与执行输出封装成一种方法，代码如下：

```python
#第18章/demo_buss.py
from books18.case.action import baidu
from books18.utils import report


class DemoBuss:

    def __init__(self):
        self.baidu_action = baidu.Baidu()
        self.mreport = report.Report()

    def buss_one(self):
        buss = 'buss_one'

        self.baidu_action.into_kongfz_by_baidu()
        self.mreport.add_excel_report(buss, 'into_kongfz_by_baidu', '通过百度搜索进入孔夫子旧书网')
```

本实例未对用例执行结果进行判断，因此在脚本中看不到用例执行与结果输出之间的联系。此处可以实现用例脚本执行断言的返回,将返回结果写入输出文件。

18.5.2 运行方法的实现

运行方法是测试框架执行的起点,代码如下:

```python
#第18章/run.py
import datetime
import os
from xlwt import *
from books18.utils import constants
from books18.utils import config
from books18.utils import driver
from books18.case.bussiness import demo_buss


class Index:
    #入口函数,定义要执行的用例
    def index(self):
        #初始化模块
        conf = config.Config()
        constants._init()

        now_time = datetime.datetime.now()
        print(now_time)

        #设置当次测试日志输出的文件夹与文件
        log_path = conf.get_config('system', 'log_path')
        log_folder = log_path + now_time.strftime('%Y-%m-%d')
        log_file = now_time.strftime('%H_%M_%S')

        constants.set_value('log_folder', log_folder)
        constants.set_value('log_file', log_file)

        #设置当次测试截图输出的文件夹
        screenshot_path = conf.get_config('system', 'screenshot_path')
        screenshot_folder = screenshot_path + now_time.strftime('%Y-%m-%d_%H_%M_%S')
        constants.set_value('screenshot_folder', screenshot_folder)

        #设置当次测试Excel报告输出的文件
        excel_report_path = conf.get_config('system', 'excel_report_path')
        excel_report_folder = excel_report_path + now_time.strftime('%Y-%m-%d')
        excel_report_file = now_time.strftime('%H_%M_%S')
        constants.set_value('excel_report_folder', excel_report_folder)
        constants.set_value('excel_report_file', excel_report_file)
```

```python
# 创建导出 Excel 报告的文件夹
if not os.path.exists(excel_report_folder):
    os.makedirs(excel_report_folder)

# 创建导出 Excel 报告
excel_file = Workbook(encoding = 'utf-8')
excel_sheet = excel_file.add_sheet('测试报告')
for i in range(0, 4):
    excel_sheet.col(i).width = 256 * 40

excel_sheet.write(0, 0, label = '测试场景')
excel_sheet.write(0, 1, label = '测试行为')
excel_sheet.write(0, 2, label = '描述')
excel_sheet.write(0, 3, label = '测试时间')
excel_file.save(excel_report_folder + '/' + excel_report_file + '.xls')

# 设置驱动
driver_class = driver.Driver()
my_driver = driver_class.get_driver()
constants.set_value('my_driver', my_driver)

# 运行测试用例
mdemo = demo_buss.DemoBuss()
mdemo.buss_one()

if __name__ == "__main__":
    ind = Index()
    ind.index()
```

18.6　框架整体优化

框架的优化是框架运行维护工作中不可或缺的工作项之一。在框架实际运行过程中，框架设计中所忽略的细节会暴露出来，这时需要根据实际情况对框架脚本进行调整和优化。

18.6.1　加入数据驱动

在本书第 16 章数据驱动部分，实现了 Excel 数据与数据库数据的驱动。本节补充一种新的数据格式——XML 数据。在本章测试用例中实现了通过百度搜索的方式进行孔夫子旧书网的示例脚本。按照实际操作流程，后续还会有与用户登录相关的操作。本节就搜索关键字、用户名和密码来完成 XML 格式的数据读取操作。XML 基础数据格式定义，代码如下：

```xml
<!-- 第18章/demo.xml -->
<?xml version="1.0" encoding="utf-8"?>
<application>
    <version>1.0.0</version>
    <author>Thinkerbang</author>
    <page name="baidu_search">
        <text>孔夫子旧书网</text>
    </page>
    <page name="kong_login">
        <username>laohu</username>
        <password>123456</password>
    </page>
</application>
```

通过读取 config.ini 配置文件中的路径找到 demo.xml 文件位置,创建一个以 tag 方式读取 XML 文件中所有数据的方法并返回。实现及测试过程定义,代码如下:

```python
# 第18章/data.py
import xml.dom.minidom
from books18.utils import config


class Data:

    def __init__(self, path, file_name):
        conf = config.Config()
        data_path = conf.get_config('system', 'data_path')
        # 获取文本
        xml_file = xml.dom.minidom.parse(data_path + path + file_name)
        self.xml_doc = xml_file.documentElement

    # 读取数据
    def get_data_by_tag(self, tag):
        mtag = self.xml_doc.getElementsByTagName(tag)
        return mtag[0].firstChild.data

# 测试
qq = Data('', 'demo.xml')
test = qq.get_data_by_tag('text')
print(test)
```

将数据驱动方法置入 utils 中,在测试用例中可以使用此方法获取测试数据。

18.6.2 优化运行方法

在代码 run.py 中可以看到,用例运行前存在大量设置操作。这些操作与框架运行入口关联性不强，可以将这些运行前的设置提取出来生成一个运行初始化文件，放在 utils 目录下。优化初始化运行方法，代码如下：

```python
#第18章/run_init.py
import datetime
import os
from xlwt import *
from books18.utils import constants
from books18.utils import config
from books18.utils import driver


def index_init():
    #初始化模块
    conf = config.Config()
    constants._init()

    now_time = datetime.datetime.now()
    print(now_time)

    #设置当次测试日志输出的文件夹与文件
    log_path = conf.get_config('system', 'log_path')
    log_folder = log_path + now_time.strftime('%Y-%m-%d')
    log_file = now_time.strftime('%H_%M_%S')

    constants.set_value('log_folder', log_folder)
    constants.set_value('log_file', log_file)

    #设置当次测试截图输出的文件夹
    screenshot_path = conf.get_config('system', 'screenshot_path')
    screenshot_folder = screenshot_path + now_time.strftime('%Y-%m-%d_%H_%M_%S')
    constants.set_value('screenshot_folder', screenshot_folder)

    #设置当次测试Excel报告输出的文件
    excel_report_path = conf.get_config('system', 'excel_report_path')
    excel_report_folder = excel_report_path + now_time.strftime('%Y-%m-%d')
    excel_report_file = now_time.strftime('%H_%M_%S')
    constants.set_value('excel_report_folder', excel_report_folder)
    constants.set_value('excel_report_file', excel_report_file)

    #创建导出Excel报告的文件夹
    if not os.path.exists(excel_report_folder):
        os.makedirs(excel_report_folder)

    #创建导出Excel报告
    excel_file = Workbook(encoding='utf-8')
```

```python
excel_sheet = excel_file.add_sheet('测试报告')
for i in range(0, 4):
    excel_sheet.col(i).width = 256 * 40

excel_sheet.write(0, 0, label='测试场景')
excel_sheet.write(0, 1, label='测试行为')
excel_sheet.write(0, 2, label='描述')
excel_sheet.write(0, 3, label='测试时间')
excel_file.save(excel_report_folder + '/' + excel_report_file + '.xls')

# 设置驱动
driver_class = driver.Driver()
my_driver = driver_class.get_driver()
constants.set_value('my_driver', my_driver)
```

优化运行入口方法,代码如下:

```python
# 第18章/run.py
from books18.case.bussiness import demo_buss
from books18.utils.run_init import index_init


class Index:
    # 入口函数,定义要执行的用例
    def index(self):
        # 运行前设置
        index_init()
        # 运行测试用例
        mdemo = demo_buss.DemoBuss()
        mdemo.buss_one()


if __name__ == "__main__":
    ind = Index()
    ind.index()
```

18.6.3 其他优化项

测试框架的优化通常从 3 个方向进行:新功能的追加、现有功能实现过程的改进、版本更新后测试用例的维护。

以本章测试框架为例,可以追加一些辅助功能,例如 HTML 报告的输出、自动邮件发送等功能。现有功能实现过程的改进和版本更新后测试用例的维护是一个测试框架运行过程中的长期任务,本章不单独示例。

第 19 章 基于 Jenkins 持续集成的实现

本书所涉及测试管理部分内容共分为 3 部分：测试框架、持续集成、分布式。第 16～18 章讲解了测试框架部分内容。本章重点阐述持续集成的概念及 Jenkins 在 Windows 环境下安装部署实现的过程。

19.1 什么是持续集成

持续集成（Continuous Integration），简称 CI。是指在开发阶段对项目进行持续性自动化编译、测试，以达到控制代码质量的过程。每次发布新版的一般步骤为设计、开发、测试、发布，如图 19.1 所示。

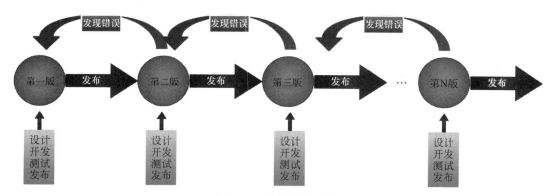

图 19.1 持续集成过程

这样做的优点是可以快速定位错误，发现错误后可借助统一的代码库及时撤回至发布前稳定版本，减少不必要的成本投入。

事实上，在实际软件自动化测试持续构建过程中，测试环节很难与图 19.1 那样紧密贴合。很多研发团队在持续集成环境中进行自动化测试做得最多的是回归测试，使用自动化脚本代替重复的手工测试过程，如图 19.2 所示。

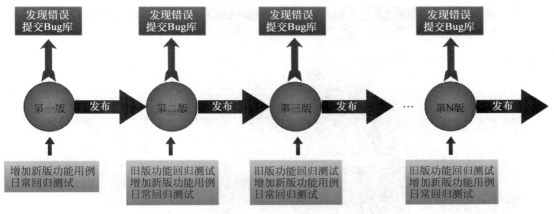

图 19.2　测试的持续集成过程

19.2　Jenkins 的安装配置

Jenkins 是一个开源软件项目，是基于 Java 开发的一种持续集成工具，用于监控持续重复的工作。Jenkins 只是一个平台，真正运作的是插件。本次环境搭建在 Windows 操作系统下进行。JDK 选用 JDK-8u121-Windows-x64 版，Apache 选用 apache-tomcat-9.0.8 版，Jenkins 选用 jenkins2.263.1 版。

19.2.1　软件的下载

Jenkins 本身是一款开源工具，可直接到官网进行下载，具体链接如下。

（1）Jenkins 官网：https://jenkins.io/。

（2）Jenkins 下载：http://updates.jenkins-ci.org/。

（3）Jenkins 的全部镜像：http://mirrors.jenkins-ci.org/status.html。

打开 Jenkins 官网首页，单击 Download 按钮进入下载页面，如图 19.3 所示。根据需要的版本和安装平台选择下载所需文件。本章安装示例下载 Jenkins.war 格式软件包。

19.2.2　JDK 的安装和配置

选择默认安装在 C:\Program Files\Java\JDK1.8.0_121 目录下。安装界面如图 19.4 所示。

安装完成后，配置环境变量。"计算机"右击菜单→属性→高级系统设置→环境变量→系统变量，新建一个系统变量 JAVA_HOME，变量名和对应变量值如下：

变量名：JAVA_HOME

变量值：C:\Program Files\Java\JDK1.8.0_121

在环境变量 Path 中添加如下内容：

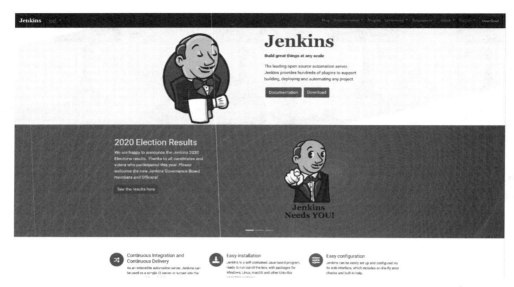

图 19.3 Jenkins 官网

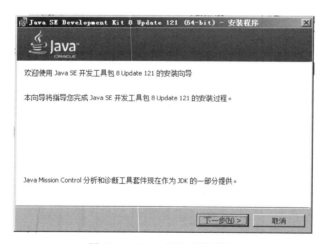

图 19.4 Java JDK 安装界面

变量名：Path

变量值：%JAVA_HOME%\bin

新建一个系统变量 CLASSPATH，变量名和对应变量值如下：

变量明：CLASSPATH

变量值：.;%JAVA_HOME%\lib\dt.jar;%JAVA_HOME%\lib\tools.jar

配置完成后，在 Windows 命令提示符下验证 Java 是否安装成功，验证方式如图 19.5 所示。

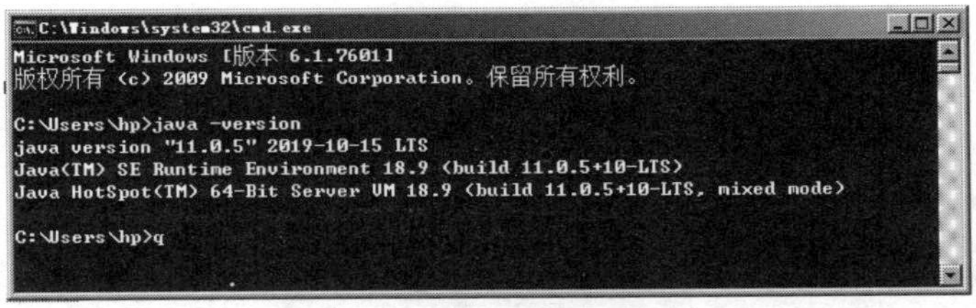

第19章 基于Jenkins持续集成的实现

图 19.5　Java JDK 安装后的验证

19.2.3　Tomcat 的安装和配置

将 Tomcat 安装至默认目录下,安装界面如图 19.6 所示。

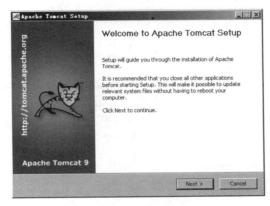

图 19.6　Tomcat 安装界面

安装完成后,打开浏览器并输入 http://localhost:8080,进行安装验证,如果可以看到如图 19.7 显示内容,则表明 Tomcat 安装成功。

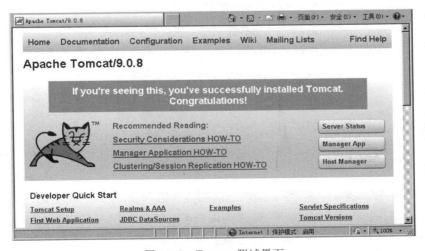

图 19.7　Tomcat 测试界面

19.2.4　Jenkins 的安装和配置

将 jenkins.war 放在 Tomcat 的 webapps 目录下。在该目录下会自动生成一个 jenkins 文件夹，如图 19.8 所示。

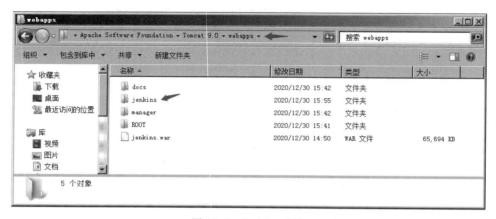

图 19.8　Jenkins 安装

打开浏览器，在网址栏输入 http://localhost:8080/jenkins，进入解锁 Jenkins 界面，如图 19.9 所示。

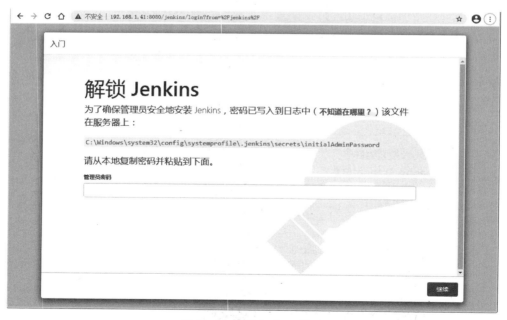

图 19.9　解锁 Jenkins 界面

根据页面提示信息进入 C：\Windows\system32\config\systemprofile\.jenkins\secrets\目录，打开 initialAdminPassword 文件，如图 19.10 所示。

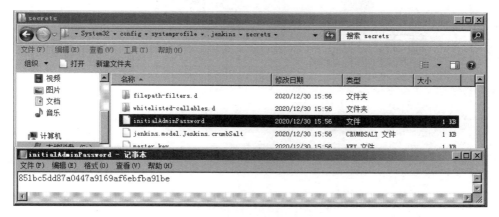

图 19.10　Jenkins 解锁密码

将 initialAdminPassword 文档中的密码复制到图 19.9 所示浏览器页面密码框中，单击"继续"按钮，解锁成功。显示 Jenkins 安装界面，如图 19.11 所示。

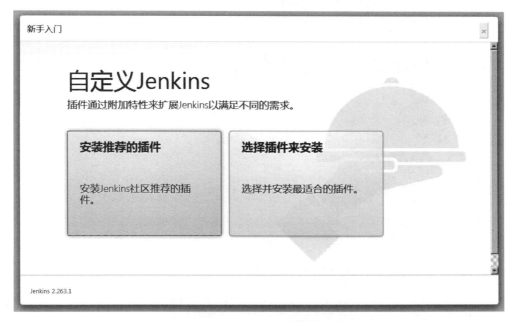

图 19.11　Jenkins 安装界面

单击"安装推荐的插件"选项，进入插件安装界面，如图 19.12 所示。

安装完成后，页面跳转至创建管理员用户界面，如图 19.13 所示。

输入用户名相关信息，此处设置信息如下。

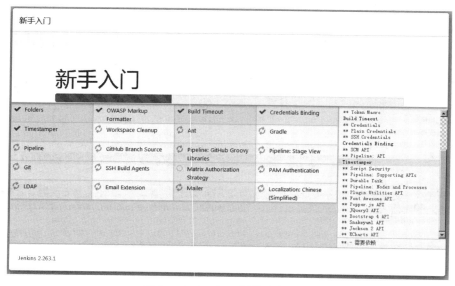

图 19.12　Jenkins 插件安装界面

图 19.13　创建管理员用户界面

（1）用户名：Thinkerbang。

（2）密码：1234。

（3）确认密码：1234。

（4）全名：Thinkerbang。

（5）电子邮件地址：359407130@qq.com。

输入完成后，单击"保存并完成"按钮，跳转至实例配置界面，界面所示 URL 即为 Jenkins 访问地址 http://192.168.1.41:8080/jenkins/。单击"开始使用 Jenkins"按钮，界面会自动跳转到 Jenkins 主界面，如图 19.14 所示。至此，Jenkins 安装成功。

图 19.14　Jenkins 主界面

19.3　构建定时任务

在 Jenkins 下构建任务的主要目的是定时执行。不同的项目需要执行的频率会有特定的要求。下面通过构建定时任务的基本流程讲解 Jenkins 的参数及使用方法。

19.3.1　构建 Project 的基本流程

1．创建任务

选择"新建 Item"项，输入任务名称为 test01，任务类型选择 Freestyle project，如图 19.15 所示。单击"确定"按钮，进入定时任务构建。

2．源码管理

源码管理部分主要用来维护定时构建任务过程中测试脚本的更新。在定时构建任务运行过程中，测试脚本随时可能会有更新，这时可以通过 Git 或 SVN 的方式让构建任务获取代码实时更新内容，后续任务可以运行更新后的脚本。此处保持默认选项即可，如图 19.16 所示。

3．构建触发器

触发器是构建定时任务的重点，构建触发器共有 5 种方式，如下所示。

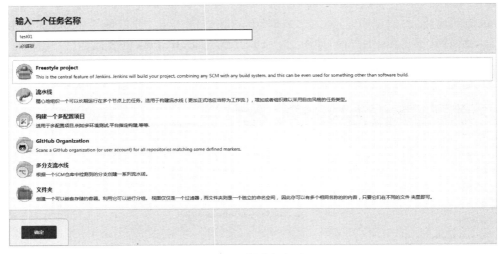

图 19.15 创建任务界面

图 19.16 源码管理界面

(1) 触发远程构建(例如使用脚本)。
(2) Build after other projects are built。
(3) Build periodically。
(4) GitHub hook trigger for GITScm polling。
(5) Poll SCM。

最常用的是第 3 种触发方式,即 Build periodically(定期构建)。勾选 Build periodically 项,如图 19.17 所示。

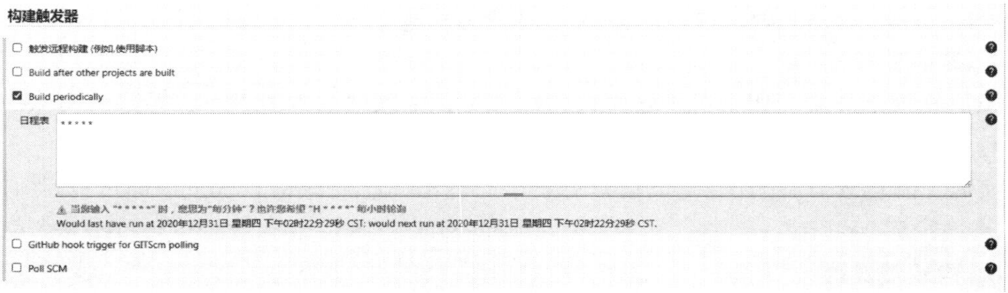

图 19.17 定期构建选项

图 19.17 所示日程表中有 5 颗星,以空格间隔。此处定时任务的格式与 Linux 命令 cron 的语法规则相似,依次为分钟、小时、日、月、星期,通过 Tab 或空格分隔。

(1) 第 1 颗 * 表示分钟,取值 0~59。
(2) 第 2 颗 * 表示小时,取值 0~23。
(3) 第 3 颗 * 表示一个月的第几天,取值 1~31。
(4) 第 4 颗 * 表示第几月,取值 1~12。
(5) 第 5 颗 * 表示一周中的第几天,取值 0~7,其中 0 和 7 代表的都是周日。

此处使用 5 颗星进行定时,即每分钟执行一次定时任务。

4. 构建

在构建模块中增加构建步骤,步骤类型选项如图 19.18 所示,命令行构建如图 9.19 所示。

此处增加 Execute Windows batch command 选项,在命令输入框中输入 dir 命令,即可执行 Windows 命令目录查询构建步骤。

5. 构建后操作

构建结束后可以选择执行其他操作,常见的构建后操作是发送电子邮件,也可以触发另一关联项目的构建操作。

最后单击"保存"按钮,新构建项目将按照设定运行,如图 19.20 所示。

图 19.18　构建类型选项

图 19.19　命令行构建

图 19.20　构建项目执行

19.3.2 构建基于 Selenium 脚本的项目

基于 Python 脚本的运行方式,可以在 Jenkins 构建步骤中选择 Execute Windows batch command 选项,通过命令行方式运行 Python 脚本。命令运行的位置是 Jenkins 服务所在的系统,如图 19.21 所示。

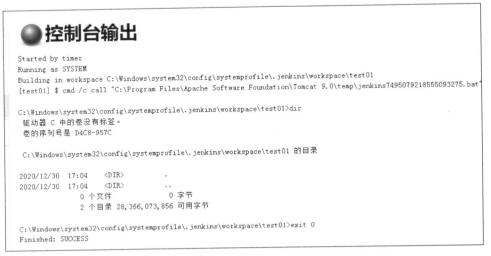

图 19.21 控制台输出 dir 运行结果

此时将 Python 脚本放在 C 盘根目录下,在构建命令框中输入执行命令,代码如下:

```python
# 第 19 章/demo.py
from selenium import webdriver
from time import sleep

# 声明驱动对象并打开 Chrome 浏览器
driver = webdriver.Chrome()

# 打开百度首页
driver.get('http://www.baidu.com/')
sleep(2)  # 暂停两秒

# 关闭驱动及 Chrome 浏览器
driver.quit()
```

将构建命令填入输入框中,如图 19.22 所示。

本次构建的 Python 脚本执行在 Jenkins 服务器上,执行平台也需要安装并配置基于 Python 的 Selenium 运行环境。此处需要注意,Python 默认的安装路径为用户目录下,

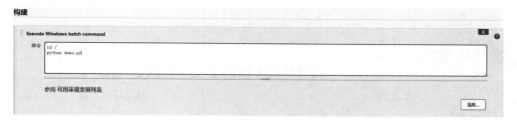

图 19.22　构建命令

Jenkins 无法读取，需要将 Python 安装在非用户目录下，并且在 Jenkins 中配置本地 Python 环境变量。

在 Jenkins 主面板中单击左侧"构建执行状态"选项，进入主机列表，如图 19.23 所示。

图 19.23　主机列表

单击 master 主机后面的齿轮按钮进行本机设置，添加环境变量，如图 19.24 所示。

图 19.24　添加环境变量

完成后再次对项目进行构建，运行成功，如图 19.25 所示。

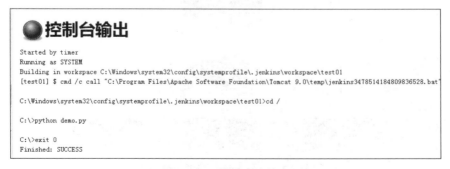

图 19.25　构建成功输出

第 20 章 Selenium Grid 部署分布式环境

UI 自动化测试在生产环境中需要解决执行时间与执行环境的问题。由于 UI 自动化测试本质上是模仿用户操作行为,执行过程中也会遇到页面加载响应延时等问题。功能模块多及用例脚本数量多会导致测试脚本整体运行时间过长,特别是对于软件上线前后测试时间较为紧迫的场合,单机运行脚本无法满足实际需求。如果软件支持多种内核浏览器,则每次软件版本升级有新功能并入或问题修订后需要在所有支持浏览器上进行功能兼容性测试,单机运行同样无法满足要求。因此本章引入 Selenium Grid 来解决这一问题。

20.1 什么是 Selenium Grid

Selenium 的三大组件及作用如下。
(1) Selenium IDE:录制和回放脚本。
(2) Selenium Grid:实现在多台机器上和异构环境中并行执行测试用例。
(3) Selenium WebDriver:通过原生浏览器支持或者扩展直接控制浏览器。

其中,Selenium Grid 组件用来解决多机运行问题。Selenium Grid 采用 Hub 和 Node 模式,允许用例脚本在分布式测试执行环境中运行,如图 20.1 所示。

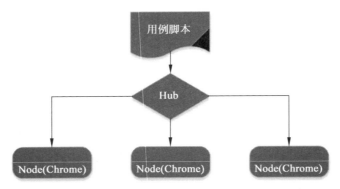

图 20.1 Selenium Grid 组件构成

使用 Selenium Grid 分布式执行测试的优点：减少测试执行时间、支持异构系统的兼容性测试、支持多内核浏览器的兼容性测试。

20.2 多线程分布式环境构建过程

20.2.1 运行环境的准备

1．测试机的准备

两台测试机配置信息如下。

1）测试机 1

（1）操作系统：Windows 7 旗舰版 Service Pack 1。

（2）CPU：Intel(R) Core(TM) i7-3630QM CPU@2.40GHz。

（3）内存：16GB。

（4）IP：192.168.1.40。

2）测试机 2

（1）操作系统：Windows 7 旗舰版 Service Pack 1。

（2）CPU：Intel(R) Core(TM) i7-4720HQ CPU@2.60GHz。

（3）内存：16GB。

（4）IP：192.168.1.152。

2．Selenium Server 下载

目前 Selenium Server 稳定版最高版本是 3.141.59，本章采用此版本。打开 Selenium Server 下载页，如图 20.2 所示。

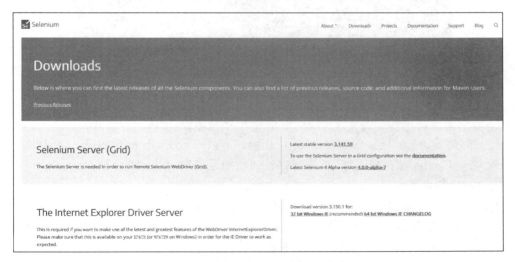

图 20.2　Selenium Server 下载页

3. Java 环境的下载安装

下载安装与配置过程见本书第 11.2.1 节。两台测试机均需要安装及配置。

4. 浏览器与驱动的安装配置

本节选用 Chrome 浏览器及相关驱动程序，具体安装配置过程见本书第 3.3 节。两台测试机均需要安装配置。

20.2.2 Selenium Grid 配置

将下载完成的 selenium-server-standalone-3.141.59.jar 置入两台测试机的 C 盘根目录。对测试机进行运行前设置。

1. Hub 端设置

默认情况下，Selenium Grid 分布式环境中只能有一台测试机作为 Hub 端。Hub 端的主要作用是用来管理各个 Node 端节点的注册、状态信息和请求调用。Hub 端节点会把接收的请求命令再转发给 Node 端节点来执行，从而实现分布式脚本的运行。

我们选用测试机 1 作为 Hub 端，打开命令提示符窗口，切换至 C 盘根目录，输入 java-jar selenium-server-standalone-3.141.59.jar-role hub 命令，按下回车键执行，结果如图 20.3 所示。

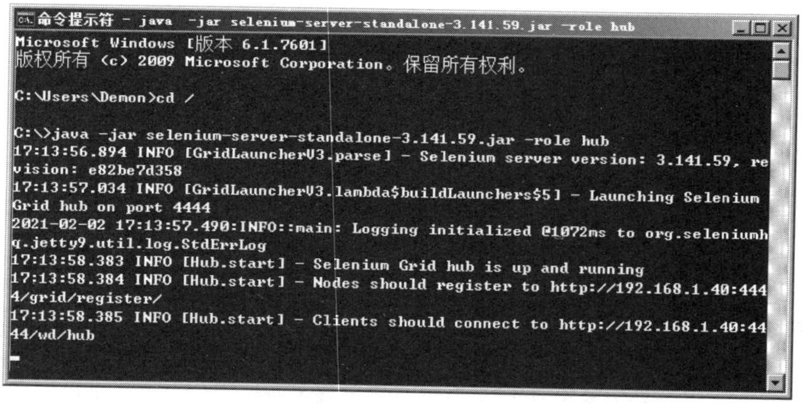

图 20.3 Hub 端注册和请求

Hub 端默认请求端口为 4444，默认请求地址为 http://IP:4444/grid/register。在测试机 1 打开浏览器，输入 http://192.168.1.40:4444/grid/console 查看 Hub 启动状态，页面中出现 view Config 超链接文字，单击可以看到控制台信息，如图 20.4 所示。

2. Node 端设置

Node 端可以注册多个，Hub 机上也可以注册 Node 端节点。在测试机 1 上新打开一个命令提示符窗口，切换至 C 盘根目录，输入 java-jar selenium-server-standalone-3.141.59.jar-role node-port 5555 命令，按下回车键执行，结果如图 20.5 所示。

命令运行成功后，在浏览器中刷新 http://192.168.1.40:4444/grid/console 页面内容，可以看到页面会列出 Node 端浏览器的支持情况，如图 20.6 所示。

第20章　Selenium Grid部署分布式环境

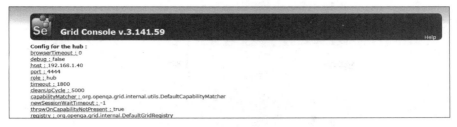

图 20.4　Hub 控制台信息

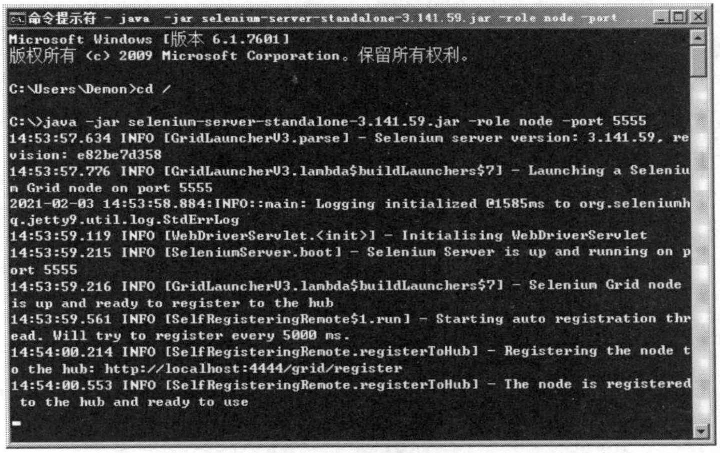

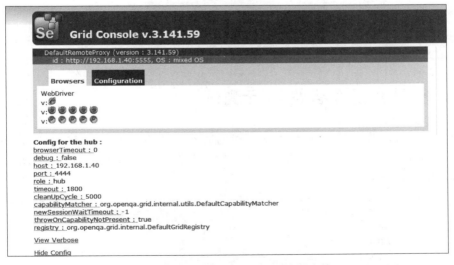

图 20.5　测试机 1 上注册 Node 端节点

图 20.6　Hub 控制页面显示浏览器支持

20.2.3 运行调试

接下来通过一段测试脚本来测试 Hub 端节点与 Node 端节点的设置情况，代码如下：

```python
#第20章/node_Demo.py
from selenium import webdriver
from time import sleep

#指定已注册 Node 节点地址
host = 'http://192.168.1.40:5555/wd/hub'

#指定浏览器类型
des_cap = {
    "browserName": "Chrome"
}

#在 Node 端启动指定参数浏览器
driver = webdriver.Remote(command_executor = host,
                          desired_capabilities = des_cap)

driver.get('http://www.baidu.com/')
driver.find_element_by_id('kw').send_keys('Thinkerbang')
driver.find_element_by_id('su').click()
sleep(5)

driver.quit()
```

脚本执行完成，环境调试成功。

需要注意，脚本运行时注册 Hub 端和 Node 端节点时所打开的命令提示符窗口不能关闭，否则脚本无法正常执行。

20.3 多浏览器兼容性运行测试

UI 自动化测试的本质就是同一测试用例脚本在不同浏览器上执行，配合 Selenium Grid 分布式环境就是同一测试用例脚本在不同浏览器上并发执行。首先我们准备用例脚本，代码如下：

```python
#第20章/case_Demo.py
from time import sleep, ctime
from selenium import webdriver


def test_sample(host, browser):
```

```python
# 打印用例执行起始时间
print('用例执行开始:%s' % ctime())

# 打印 Node 端节点地址,浏览器类型
print(host, browser)
des_cap = {'browserName': browser}
driver = webdriver.Remote(command_executor = host,
                          desired_capabilities = des_cap)

driver.get('http://www.baidu.com')
driver.find_element_by_id('kw').send_keys('Thinkerbang')
driver.find_element_by_id('su').click()
sleep(5)

driver.quit()
print('用例执行结束:%s' % ctime())
```

20.3.1 单浏览器运行调试

单浏览器运行调试前,需要确认 Node 端节点测试机已安装调试所用浏览器及相应驱动。本节以 Chrome 浏览器与 FireFox 浏览器为例进行调试,代码如下:

```python
# 第20章/single_browser_Demo.py
from books20.case_Demo import test_sample

# 指定已注册 Node 节点地址
host = 'http://192.168.1.40:5555/wd/hub'

# 所有浏览器类型
browsers = ['Chrome','firefox']

for browser in browsers:
    test_sample(host, browser)
```

执行结果如图 20.7 所示。

图 20.7 单浏览器运行调试结果

20.3.2 多浏览器运行调试

首先需要在 Hub 端注册 Node 节点,在测试机 2 打开命令提示符,切换至 C 盘根目录,输入 java -jar selenium-server-standalone-3.141.59.jar -role node -port 6666 -hub http://192.168.1.40:4444/grid/register 命令,回车执行,结果如图 20.8 所示。

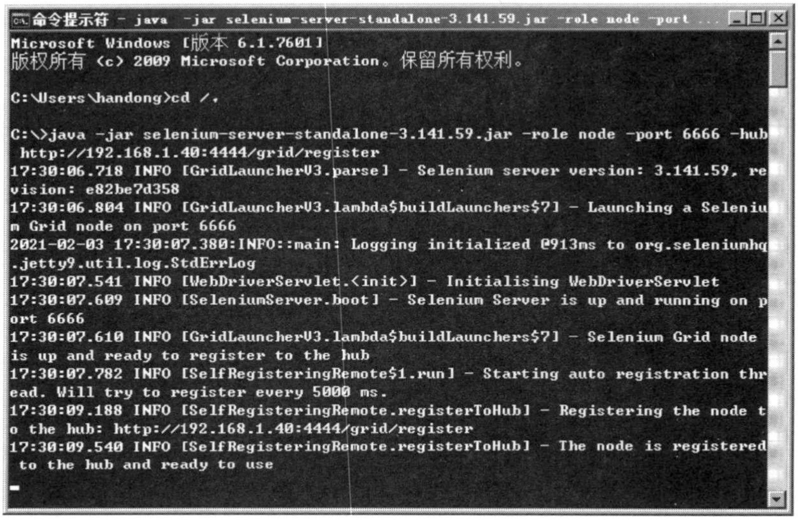

图 20.8 测试机 2 上注册 Node 节点

命令运行成功后,在浏览器中刷新 http://192.168.1.40:4444/grid/console 页面内容,可以看到页面会列出所有 Node 端浏览器的支持情况,如图 20.9 所示。

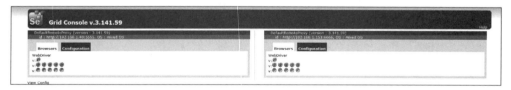

图 20.9 Hub 控制页面显示 Node 节点列表

在测试机 1 执行测试用例,代码如下:

```
#第20章/mul_browser_Demo.py
from threading import Thread
from books20.case_Demo import test_sample




#并发 Node 节点列表
lists = {
```

```python
            'http://192.168.1.40:5555/wd/hub': 'Chrome',
            'http://192.168.1.153:6666/wd/hub': 'firefox'
            }

threads = []
files = range(len(lists))

# 创建线程
for host, browser in lists.items():
    t = Thread(target = test_sample, args = (host, browser))
    threads.append(t)

# 启动线程
for i in files:
    threads[i].start()

# 运行线程
for i in files:
    threads[i].join()
```

执行结果如图 20.10 所示。

```
C:\Users\Demon\AppData\Local\Programs\Python\Python37\python.exe
用例执行开始:Wed Feb  3 17:31:22 2021
http://192.168.1.40:5555/wd/hub chrome
用例执行开始:Wed Feb  3 17:31:22 2021
http://192.168.1.153:6666/wd/hub firefox
用例执行结束:Wed Feb  3 17:31:31 2021
用例执行结束:Wed Feb  3 17:31:44 2021

Process finished with exit code 0
```

图 20.10 多浏览器并发执行用例结果

从图 20.10 可以看出，两个 Node 节点用例分别使用不同浏览器同时开始执行。结束时间受执行终端硬件资源使用情况和网络环境影响，很少会出现同时结束的情况。

20.4 分布式自动化测试实例

首先使用 unittest 方式写一组百度关键字搜索的测试用例脚本，代码如下：

```python
# 第 20 章/test_baidu.py
from selenium import webdriver
from time import sleep
import unittest
```

```python
class TestBaidu(unittest.TestCase):

    @classmethod
    def setUpClass(self):
        # 指定已注册 Node 节点地址
        host = 'http://192.168.1.40:5555/wd/hub'

        # 指定浏览器类型
        des_cap = {
            "browserName": "Chrome"
        }

        # 在 Node 端启动指定参数浏览器
        self.driver = webdriver.Remote(command_executor=host,
                                       desired_capabilities=des_cap)

    @classmethod
    def tearDownClass(self):
        self.driver.quit()

    def test_search_cn(self):
        self.driver.get('http://www.baidu.com')
        self.driver.find_element_by_id('kw').send_keys('思课帮')
        self.driver.find_element_by_id('su').click()
        sleep(2)

    def test_search_en(self):
        self.driver.get('http://www.baidu.com')
        self.driver.find_element_by_id('kw').send_keys('Thinkerbang')
        self.driver.find_element_by_id('su').click()
        sleep(2)

if __name__ == '__main__':
    unittest.main()
```

接着编写一个用例运行脚本,生成 HTML 测试报告,代码如下:

```python
# 第 20 章/run.py
import unittest, HTMLTestRunner_cn


discover = unittest.defaultTestLoader.discover('./', pattern='test*.py')
```

```python
if __name__ == '__main__':
    fp = open('./report/report.html','wb')
    run = HTMLTestRunner_cn.HTMLTestRunner(stream = fp,
        title = 'SeleniumGrid方式运行用例',
        description = '单 Node 节点运行用例')
    run.run(discover)
    fp.close()
```

运行完成后生成 HTML 报告,如图 20.11 所示。

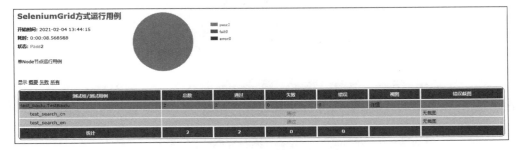

图 20.11　执行结果